AF603229

LA

GÉOLOGIE ET LA MINÉRALOGIE

considérées dans leurs rapports

AVEC LA THÉOLOGIE NATURELLE.

Montpellier. — Imprimerie de Boehm et C., et Lithographie.

LA
GÉOLOGIE ET LA MINÉRALOGIE

CONSIDÉRÉES DANS LEURS RAPPORTS

AVEC LA THÉOLOGIE NATURELLE;

Par le Rév. WILLIAM BUCKLAND,
Professeur de Géologie et de Minéralogie à l'Université d'Oxford, etc.;

Abrégé et traduit de l'Anglais

Par

N. JOLY,

Professeur d'Histoire Naturelle au Collége Royal
de Montpellier.

SECONDE ÉDITION, REVUE ET AUGMENTÉE.

PARIS,
GERMER-BAILLIÈRE, Libr.^e, rue de l'École de Médecine, 17;
MONTPELLIER,
Louis CASTEL, Libraire-Éditeur, Grand'rue, 32.
1838.

Montpellier. — Imprimerie de Boehm et C., et Lithographie.

PRÉFACE.

—

Quelques personnes, à peu près ou complétement étrangères à la Géologie, s'imaginent encore que l'étude de cette science n'aboutit à rien moins qu'à jeter dans les esprits des semences de doute et d'incrédulité. Elles crient à l'impiété, au sacrilége, dès qu'elles voient le géologue interroger la Nature et sonder ses mystères, comme si la vérité pouvait être en opposition avec la parole de Dieu, comme si l'Ouvrage ne proclamait pas sans cesse le nom de l'Ouvrier. On ne sera pas surpris de ces assertions au moins étranges, si l'on se rappelle que l'homme est naturellement porté à déprécier ce qu'il ne connaît pas; que la force de l'habitude, un attachement aveugle aux traditions reçues, une répugnance invincible à secouer certains préjugés, pour ainsi dire, consacrés par le temps, quelquefois aussi un zèle malentendu pour les intérêts de la Religion, entraînent souvent dans de graves erreurs ceux mêmes qui ne seraient pas hostiles à la science, s'ils en avaient étudié seulement les premiers principes.

Dans son bel ouvrage intitulé : *La Géologie et la Minéralogie considérées dans leurs rapports avec la Théologie naturelle* (1), le professeur Buckland a prouvé de la manière la plus victorieuse

---

(1) Le Comte de Bridgewater, mort en février 1829, légua une somme de 8,000 liv. sterling (200,000 fr.) aux auteurs qui auraient publié ou publieraient des ouvrages tendant à démontrer, par les œuvres mêmes de la création, le pouvoir, la sagesse et la bonté du Créateur. Le Président de la Société royale de Londres, entre les mains de qui cette somme fut déposée, choisit huit des savans les plus distingués de l'Angleterre, et les chargea de composer huit Traités qui porteraient le nom de l'illustre fondateur. *La Géologie et la Minéralogie considérées dans leurs rapports avec la Théologie naturelle*, est un des huit Traités-Bridgewater. Ce livre, malgré son prix élevé (50 fr.), a obtenu, chez nos voisins d'outre-mer, un succès vraiment prodigieux. Deux éditions de 5,000 exemplaires chacune, ont été épuisées dans l'espace de quelques jours. A peine a-t-il paru en France, qu'une foule de journaux, notamment l'*Écho du Monde savant*, les *Annales de Philosophie chrétienne*, l'*Université catholique*, l'*Institut*, etc., etc., se sont empressés d'en donner des extraits, et de le signaler comme une des productions les plus remarquables de notre époque. — Le Journal de la Librairie vient d'annoncer la traduction de cet ouvrage par M. Doyère, professeur d'Histoire naturelle au Collége Henri IV.

que, bien loin d'être contraire à la Religion révélée, la Géologie en est une alliée fidèle, une auxiliaire puissante. Convaincu nous-même de cette vérité, déjà, l'an dernier, nous avons cherché à la répandre, en faisant connaître par une Analyse rapide l'œuvre si remarquable du Cuvier de l'Angleterre. Aujourd'hui, c'est pour obéir au vœu de quelques personnes bienveillantes, que nous nous décidons à livrer au public l'Abrégé qu'on va lire. A notre avis, l'ouvrage anglais est indispensable à tous ceux qui font de la science leur occupation spéciale et de prédilection; aussi n'écrivons-nous que pour les Gens du Monde.

Quant à la marche que nous avons suivie, elle nous était tracée d'avance par un homme dont les sciences déploreront long-temps la mort prématurée. Dans une lettre beaucoup trop flatteuse pour que nous puissions la reproduire en entier, le Prof. Dugès nous disait, après avoir parcouru notre premier travail : « Pour des questions de cette nature, il n'est » pas nécessaire d'accumuler les preuves : les bien » choisir et les placer à propos, c'est là le meilleur » moyen de convaincre, et c'est ce que vous avez » fait dans votre Analyse. »

Toutefois, désireux de justifier le titre d'Abrégé inscrit en tête de ce nouvel opuscule, nous avons ajouté des détails importans que ne comportait pas la forme analytique; mais, tout en donnant à notre ouvrage un peu plus d'étendue, nous avons cru devoir retrancher tout ce qui n'aurait pas été facilement compris par la masse des lecteurs. Il nous est arrivé parfois de fondre plusieurs chapitres de l'original en un seul, d'en transposer quelques-uns afin d'éviter des répétitions, d'intercaler dans le texte des notes intéressantes, etc. Nous avons traduit les morceaux qui nous ont paru les plus dignes de l'être, soit parce qu'ils résumaient les idées de l'auteur, soit parce qu'ils se faisaient distinguer par la solidité des raisonnemens, la justesse des inductions, la majesté du langage; en un mot, nous avons cherché à n'omettre aucun détail essentiel, et, autant que possible, à ne pas faire d'un portrait fini une esquisse froide et sans couleur.

Montpellier, le 15 juin 1838.

LA GÉOLOGIE

ET

LA MINÉRALOGIE

considérées dans leurs rapports

AVEC LA THÉOLOGIE NATURELLE.

Objet de la Géologie.

La Géologie est l'histoire physique de la terre.

Elle étudie la configuration extérieure du globe, les matériaux qui le constituent, les lois de distribution auxquelles ils sont soumis, la manière dont ils ont été formés, les débris organiques qu'on y rencontre, enfin les révolutions qui se sont opérées ou s'opèrent encore, soit à sa surface, soit dans son intérieur.

De nombreuses tentatives ont été faites à diverses époques pour expliquer la formation de notre planète; mais il faut avouer que la plupart des théories émises à ce sujet, sont plutôt le fruit d'une imagination en délire, que celui d'une exacte et judicieuse observation. Faut-il s'en étonner? Aux époques dont nous parlons ici, on était loin de posséder toutes les données indispensables à la solution de ce problème si difficile, pour ne rien dire de plus. Aujourd'hui, grâce aux progrès des sciences physiques, grâce aux secours puissans que ces sciences prêtent à la géologie, nous commençons à interroger avec fruit les entrailles de la terre; nous pouvons lire dans ces antiques archives indéchiffrables à nos prédécesseurs, y puiser de précieux documens, et en extraire des preuves sans nombre de la bonté, de la sagesse et du pouvoir de Celui que l'univers entier proclame infiniment sage, infiniment bon, infiniment puissant.

Les découvertes géologiques sont-elles d'accord avec l'histoire sacrée?

Avant de chercher à résoudre cette grave question, pénétrons-nous bien de l'idée que la Genèse n'est point une encyclopédie. On ne saurait donc y trouver ni un récit détaillé de tous les phénomènes naturels, ni des renseignemens historiques sur toutes les opérations du créateur, dans tous les lieux et à toutes les époques.

D'ailleurs, conçoit-on la science offerte aux hommes sous le caractère d'une révélation? A moins d'admettre une communication d'omniscience, à quel objet la révélation se serait-elle arrêtée sans être entachée de quelque omission plus ou moins importante? L'astronomie, telle qu'elle était connue de Copernic, aurait semblé très-incomplète après les découvertes de Newton, et la science de Newton eût paru imparfaite au célèbre Laplace. Bien plus, la communication d'omniscience n'aurait point été en harmonie avec les desseins de Dieu; car toutes les fois qu'il s'est manifesté à sa créature, il a toujours eu en vue de lui donner des connaissances morales, et jamais des connaissances intellectuelles.

Plusieurs hypothèses ont été proposées pour concilier les phénomènes géologiques avec la narration de l'écrivain sacré. Les uns ont attribué la formation de toutes les roches stratifiées au déluge de Moïse. Selon d'autres, ces roches se formèrent au fond de l'océan, pendant l'espace de temps qui s'écoula entre la création de l'homme, et le grand cataclysme dont tous les peuples du monde ont conservé l'effrayant souvenir.

A cette époque, ajoutent ces géologues, le lit de l'ancienne mer s'éleva tout à coup, pour prendre la place des continens antédiluviens, et ceux-ci furent au même moment engloutis sous les eaux. Cette hypothèse et celle qui la précède, sont également inadmissibles.

Une troisième opinion (Cuvier, Deluc, Marcel de Serres, etc.) consiste à regarder les jours de Moïse comme des périodes successives et d'une longueur indéterminée.

Mais Buckland pense avec le docteur Pusey, professeur d'hébreu à Oxford, avec le révérend docteur Chalmers, et beaucoup d'autres autorités du plus grand poids, qu'il n'est nullement besoin de torturer ainsi le texte mosaïque: on peut tout expliquer en conservant au mot *jour*, employé dans la Genèse, sa signification la plus vulgaire et la plus naturelle. Il suffit d'admettre que le long espace de temps nécessaire à la production de tous les phénomènes géologiques, se trouve renfermé dans l'intervalle indéfini qui suit l'énoncé du premier verset.

« Moïse commence son récit en disant que, « au commencement, Dieu créa le ciel et la terre[1]. » Ces quelques mots, les premiers de la Genèse, peuvent être à bon droit invoqués par le géologue, comme contenant un exposé succinct de la création des élémens matériels, dans un temps distinctement antérieur aux opérations du premier jour. Nulle part il n'est affirmé que Dieu créa la terre au *premier jour*, mais bien au *commencement*. Ce commencement peut avoir été une époque à une distance incalculable, suivie de périodes d'une durée indéfinie, pendant lesquelles auraient eu lieu toutes les opérations qui nous sont révélées par la Géologie.

» Le premier verset de la Genèse semble donc affirmer explicitement la création de l'univers, savoir : le Ciel, renfermant les systèmes *stellaires*, et la Terre, qui désigne plus spécialement notre planète comme le théâtre futur des opérations des six jours qui vont être décrits. Quant aux événemens qui se sont passés sur ce globe depuis la création de sa matière constituante, indiquée dans le premier verset, jusqu'au moment où l'histoire de cette matière est reprise au deuxième, comme ils n'ont aucun rapport avec l'histoire du genre humain, l'écrivain sacré ne nous en parle pas. Il n'assigne aucune limite au temps durant lequel ces événemens intermédiaires ont eu lieu. Des millions de millions d'années peuvent s'être écoulées pendant l'intervalle indéfini compris entre le commencement où Dieu créa le ciel et la terre, et le soir ou commencement du *premier* jour du récit mosaïque.

» Ce second verset dépeint l'état de la terre au soir du premier jour ; car, d'après le mode de supputation usité chez les juifs, et suivi par Moïse, chaque jour est compté à partir du commencement d'un soir jusqu'au commencement d'un autre soir. Ce premier soir peut être regardé comme étant tout à la fois la fin de ce temps indéfini qui suit la création primitive annoncée dans le premier verset, et le commencement du premier des six jours successifs, pendant lesquels la terre devait être disposée et peuplée d'une manière convenable à la réception de notre espèce. Dans ce deuxième verset la terre et les eaux sont mentionnées distinctement comme existant déjà, comme enveloppées de ténèbres épaisses. L'état en est décrit comme un état de confusion et de vide, *tohu bohu*, expressions communément traduites par le mot grec *cahos*. Ce terme vague et indéfini peut être géologiquement considéré comme désignant les débris et les ruines d'un monde primitif. A cette époque intermédiaire finirent les périodes géologiques indéterminées qui avaient précédé; une nouvelle série d'événemens commença, et l'œuvre du premier matin de cette nouvelle création fut la lumière sortant, à la voix du Très-Haut, de cette obscurité temporaire qui environnait les ruines de la terre primitive.

» Cette ancienne terre et l'ancien océan sont encore désignés dans le neuvième verset, où il est commandé aux eaux de se réunir en un seul lieu, et à la terre aride de se montrer à nu. Cette terre aride est la même dont la création matérielle avait été annoncée dans le premier verset, la même dont la submersion et l'obscurité temporaires sont décrites dans le deuxième. Relativement à la terr et aux eaux, l'apparition de l'une et le rassemblement des autres sont les seuls faits affirmés dans le neuvième verset; il n'y est point dit qu'elles aient été créées lors du troisième jour.

» On peut interpréter de la même manière le verset quatorzième et les quatre suivans. Il semble que les luminaires célestes y soient désignés seulement par rapport à notre planète, et plus spécialement par rapport au genre humain, qui devait bientôt l'habiter. Il n'est point dit que la substance du soleil et celle de la terre aient reçu l'existence au quatrième jour. On peut donc également inférer du texte, que ces corps furent alors préparés, appropriés à certaines fonctions, très-importantes pour l'humaine espèce, savoir: « à donner la lumière à la terre et à régler les jours et les nuits; à être des signes pour les saisons, les jours et les années.» Le fait de leur création avait été consigné auparavant dans le premier verset. Les étoiles elles-mêmes ne sont mentionnées qu'en trois mots, presque entre parenthèses; comme si l'unique but de l'écrivain était de nous apprendre que, elles aussi, furent créées par le même pouvoir qui avait fait le soleil et la lune, ces luminaires qui sont pour nous beaucoup plus importans. Cette innombrable armée des corps célestes, qui tous sont probablement autant de soleils, centres d'autres systèmes planétaires, n'est désignée que d'une manière très-succincte. La lune, au contraire, ce petit satellite de notre globe, est signalée comme ne le cédant en importance qu'au soleil lui-même. Preuve évidente que les phénomènes astronomiques ne sont indiqués ici que d'après leur importance relativement à la terre et à l'espèce humaine, et nullement d'après leur importance réelle dans l'immense univers. Il paraît impossible de comprendre les étoiles fixes au nombre de ces corps, dont il est dit qu'ils furent placés dans le *firmament du ciel* pour éclairer la terre, puisque le plus grand nombre d'entre eux ne peuvent s'apercevoir sans le secours du télescope. Le même principe semble applicable au récit de la création qui concerne notre planète. La formation des matériaux qui la composent ayant été annoncée dans le premier verset, les phénomènes de la géologie, de même que ceux de l'astronomie, sont passés sous silence, et le narrateur va droit aux détails de la création actuelle qui se rapportent plus immédiatement au genre humain.

» L'interprétation que nous proposons ici, semble résoudre la difficulté qui, dans tout autre cas, résulterait de l'apparition de la lumière au premier jour, tandis que le soleil, la lune et les étoiles *ne sont pas faits pour apparaître jusqu'au quatrième*. Admettons que tous les corps célestes et la terre elle-même ont été créés à cette époque indéfiniment distante, désignée par le mot *commencement*, et que l'obscurité temporaire décrite au soir du premier jour, a été produite par une accumulation d'épaisses vapeurs à *la surface de l'abîme*. Ces vapeurs, en commençant à se dissiper, auront permis à la lumière de reparaître sur le globe au premier jour ; tandis que la cause excitante de cette lumière était encore voilée. Au quatrième jour, l'atmosphère s'étant purifiée de plus en plus, le soleil, la lune et les étoiles auront pu se montrer de nouveau dans le firmament, afin de prendre leurs nouvelles relations et avec la terre récemment modifiée, et avec l'homme lui-même........

» D'ailleurs, il paraît extrêmement probable que la lumière n'est point une substance matérielle, mais seulement un effet des ondulations d'un fluide éthéré. Cet éther, infiniment subtil et très-élastique, remplit tout l'espace et même l'intérieur de tous les corps. Tant qu'il reste en repos, il y a obscurité complète; lorsqu'il entre dans un certain état de vibration, il occasionne la sensation de la lumière. Diverses causes peuvent exciter cette vibration, par exemple, le soleil, les étoiles, l'électricité, la combustion, etc. Si donc la lumière n'est point une substance, mais seulement une suite des vibrations de l'éther, c'est-à-dire, un effet produit sur un fluide subtil par l'excitation d'une ou de plusieurs causes extérieures, il est difficile de dire, et il n'est pas dit dans la Genèse, v. 3, que la lumière a été *créée;* mais on peut dire littéralement qu'elle est mise en action [2].

» Enfin, dans le quatrième commandement (Exode xx, 11), où il est parlé des six jours de la création de Moïse, le mot ASAH, *fait*, est le même qu'on lit dans le septième et le seizième verset de la Genèse. Ce mot a un sens moins énergique et moins étendu que BARA, *créé :* et comme il n'implique pas nécessairement *création de rien*, il peut être employé ici pour exprimer un nouvel arrangement de matériaux qui existaient auparavant.

» Après tout, il faut se rappeler que la question n'est pas relative à l'exactitude du texte de Moïse, mais bien à notre manière de l'interpréter. Il faut aussi se bien persuader que l'objet de ce récit n'était pas de dire *comment*, mais *par qui* le Monde avait été créé. Dans ces temps éloignés, les hommes avaient une forte tendance à rendre un culte aux objets les plus brillans de la nature, nommément au soleil, à la lune et aux étoiles. Aussi, dans son récit de la création, Moïse paraît-il s'être proposé, comme un point important, de mettre les Israélites en garde contre le polythéisme et l'idolâtrie des peuples dont ils étaient environnés, en leur annonçant que ces corps célestes si magnifiques n'étaient pas des dieux, mais les ouvrages d'un Créateur tout-puissant, à qui seul nous devons adresser nos hommages [3]. »

GÉOGÉNIE. — HYPOTHÈSE DE LA CHALEUR CENTRALE. — FORMATION DES TERRAINS. — DÉBRIS ANIMAUX QU'ON Y RENCONTRE.

La terre a la forme d'un sphéroïde aplati vers les pôles et renflé vers l'équateur. Cette forme étant précisément celle que prendrait toute masse fluide en révolution sur un axe, les géologues se sont crus autorisés à conclure que notre planète a été primitivement dans un état de fluidité causée par la chaleur.

Terrains massifs. — Après un temps sur la durée duquel il est tout-à-fait impossible de rien spécifier, cette masse incandescente s'est refroidie par suite du rayonnement de la chaleur dans l'espace ; alors les molécules de la matière se sont rapprochées et cristallisées, et le résultat de cette cristallisation a été de former autour d'un noyau encore en fusion, une croûte solide composée des métaux oxydés et des métalloïdes qui constituent les diverses roches [4] de la série granitique. Ces roches forment probablement la base de la portion connue de l'écorce du globe, et se distinguent de toutes les autres, en ce qu'elles n'offrent aucune stratification bien marquée.

Terrains stratifiés primordiaux ou primitifs.—Mais bientôt les vapeurs répandues dans l'atmosphère se sont précipitées à sa surface. La croûte solide, soulevée en divers endroits par la force expansive des gaz, s'est trouvée soumise à l'action destructive des agens extérieurs ; les pluies, les inondations, les torrens, alors beaucoup plus énergiques, ont entraîné au fond des mers des détritus qui, exposés plus tard aux effets d'une chaleur intense, ont produit des roches cristallines disposées par couches. Un caractère essentiel distingue ces terrains primitifs de ceux qui se sont postérieurement déposés au sein des eaux : c'est qu'ils ne renferment aucun débris de corps organisés.

Il y a donc eu dans l'histoire de notre planète une époque à laquelle il n'existait encore ni plantes, ni animaux : « donc ces êtres ont eu un commencement postérieur à cette époque ; et où trouver ce commencement, si ce n'est dans la volonté et le *fiat* d'un créateur intelligent et parfaitement sage? »

Terrains de transition. — C'est dans les terrains de transition que les êtres organisés se montrent pour la première fois. Tous appartiennent à l'une des grandes divisions établies parmi les corps organisés vivans ; tous sont formés sur le même plan général que ces derniers, et n'en diffèrent que par des détails d'organisation ordinairement de peu d'importance, mais quelquefois assez extraordinaires pour qu'il soit impossible de rapporter certains d'entre eux à aucune espèce, et souvent même à aucun genre actuellement existant.

Parmi les animaux dont on retrouve les restes dans les terrains de transition, on voit paraître d'abord des Zoophytes [5] de la plus grande beauté (*encrinites moniliformis, pentacrinites briareus*) ; des Crustacés [6] dont la forme rappelle jusqu'à un certain point celle de nos cloportes, mais dont les proportions étaient beaucoup plus considérables (*trilobites*) ; des Mollusques [7] appartenant à des genres qui n'existent plus (*orthocératite, productus, spirifer*), ou vivant encore au sein de nos mers (*nautile, térébratule*) ; enfin des Poissons de genres et d'espèces entièrement perdus.

Terrains secondaires. — Comme ceux de la série précédente, les terrains secondaires se sont déposés au sein des eaux. Soulevés plus tard au-dessus de leur surface par la force expansive de la chaleur centrale, et soumis depuis à toutes les influences des agens extérieurs, ils se sont décomposés en partie, et les détritus provenant de cette décomposition se sont changés en un sol propre à recevoir de nombreux végétaux.

Les débris organiques que l'on découvre dans les terrains secondaires, prouvent qu'à l'époque de leur formation, le globe n'était pas encore arrivé à un état de calme suffisant pour pouvoir être généralement habité par des Mammifères terrestres. Les seuls que l'on ait observés jusqu'à présent dans ces terrains, sont de petits Marsupiaux [8], voisins de l'Opossum [9] (*didelphys virginiana*); ils ont été découverts dans la formation oolitique de Stonesfield, près d'Oxford, et dans le gypse de Montmartre, aux environs de Paris; et cependant, le genre et l'ordre dont ils font partie, sont aujourd'hui confinés dans la Nouvelle-Hollande et les deux Amériques.

Ainsi, bien loin d'être les plus récens de tous les Mammifères, les Marsupiaux sont réellement les plus anciens. Seuls ils représentaient cette grande classe de Vertébrés pendant la période secondaire. Ils existaient conjointement avec plusieurs autres ordres dans les couches les plus basses des terrains tertiaires, et maintenant leur distribution géographique ne s'étend pas au-delà du Nouveau-Monde.

Mais ce qui donne aux terrains secondaires une physionomie qui leur est propre, c'est la prédominance de ces nombreux et gigantesques Sauriens [10], seuls quadrupèdes qui pussent vivre sur notre planète alors presque entièrement submergée et tourmentée par des cataclysmes très-fréquens, des éruptions volcaniques effrayantes, et des tremblemens de terre épouvantables.

Terrains tertiaires.—La série tertiaire nous présente un ensemble de phénomènes tout-à-fait nouveaux. Composée de dépôts alternativement marins et d'eau douce, elle renferme une foule de débris, soit animaux, soit végétaux, qui se rapprochent par degrés des espèces actuelles. Les couches qui constituent la formation d'eau douce la plus ancienne (période *Eocene* [11] de MM. Deshayes et Lyell), les carrières de Montmartre, par exemple, renferment un grand nombre de Mammifères appartenant pour la plupart à l'ordre des Pachydermes [12]. Tels sont les Palæotherium, les Lophiodon, les Antracotherium, les Chéropotames, les Adapis, etc., quadrupèdes aquatiques presque tous intermédiaires entre les Chevaux, les Tapirs [13] et les Rhinocéros. Ces genres perdus comblent les intervalles, parfois immenses, qui séparent les genres de Pachydermes existans de nos jours, et fournissent ainsi les anneaux qui paraissaient manquer à cette grande chaîne, au moyen de laquelle les formes passées de la vie organique se lient aux formes actuellement vivantes.

On trouve aussi dans les terrains qui nous occupent, des Carnassiers, des Marsupiaux, des Rongeurs, des Oiseaux, des Reptiles et des Poissons d'espèces et quelquefois de genres complétement éteints. Malgré ces différences, « le Règne Animal, à ces époques reculées, était composé d'après les mêmes lois; il comprenait les mêmes classes, les mêmes familles que de nos jours: et, en effet, parmi les divers systèmes sur l'origine des êtres organisés, il n'en est pas de moins vraisemblable que celui qui en fait naître successivement les différens genres, par des développemens ou des métamorphoses graduelles. » (Cuvier; *Oss. foss.*, tom. III, pag. 297.) Les restes des animaux ensevelis dans les couches les plus anciennes des terrains tertiaires, et les troncs de palmier qui les accompagnent, prouvent qu'à l'époque où ces terrains se sont déposés, la température de la France était plus élevée qn'aujourd'hui; car plusieurs des êtres trouvés à Montmartre ne vivent plus maintenant que sous les plus chaudes latitudes. De ce nombre sont les Crocodiles, les Rhinocéros et les Hippopotames.

Écoutons Cuvier nous racontant la manière dont il

procéda pour reconstruire les squelettes de ces divers animaux :

« Dès les premiers momens, je m'étais aperçu qu'il y avait plusieurs de celles-ci (espèces) dans nos plâtres ; bientôt après je vis qu'elles appartenaient à plusieurs genres, et que les espèces de genres différens étaient souvent de même grandeur entre elles, en sorte que la grandeur pouvait plutôt m'égarer que m'aider. J'étais dans le cas d'un homme à qui l'on aurait donné pêle-mêle les débris mutilés et incomplets de quelques centaines de squelettes appartenant à vingt sortes d'animaux ; il fallait que chaque os allât retrouver celui auquel il devait tenir ; c'était presque une résurrection en petit, et je n'avais pas à ma disposition la trompette toute-puissante ; mais les lois immuables prescrites aux êtres vivans y suppléèrent, et, à la voix de l'anatomie comparée, chaque os, chaque portion d'os reprit sa place. Je n'ai point d'expressions pour peindre le plaisir que j'éprouvais, en voyant, à mesure que je découvrais un caractère, toutes les conséquences plus ou moins prévues de ce caractère se développer successivement ; les pieds se trouver conformes à ce qu'avaient annoncé les dents; les dents, à ce qu'annonçaient les pieds; les os des jambes, des cuisses, tous ceux qui devaient réunir ces deux parties extrêmes, se trouver conformés comme on pouvait le juger d'avance ; en un mot, chacune de ces espèces renaître, pour ainsi dire, d'un seul de ses élémens. »

Dans la seconde période des formations d'eau douce tertiaires (*Miocene*), les genres éteints des Mammifères lacustres appartenant à la première (*Eocene*), se rencontrent mêlés avec les formes les plus anciennes des genres vivans de nos jours, et ils indiquent pour la plupart que le pays qu'ils habitaient, se trouvait à cette époque couvert de lacs et de marécages[14].

Lors de la troisième et de la quatrième période de ces mêmes formations (*Older and Newer Pliocene*), on ne voit plus d'animaux appartenant à la famille des Palæotherium ; ils sont remplacés par des Pachydermes d'espèces perdues, mais de genres encore subsistant (Rhinocéros, Éléphans, Chevaux, Hippopotames). Les Mastodontes sont les seuls qui aient complétement disparu de la surface du globe. Les Ruminans et les Rongeurs commencent à devenir nombreux, mais les Carnassiers s'accroissent dans les mêmes proportions, et mettent des bornes à l'excessive multiplication de ces animaux généralement ou faibles ou timides. C'est aux périodes Pliocènes qu'il faut rapporter les dépôts ossifères des formations subapennines, ceux du Val-d'Arno, les hyènes de Kent's hole, de Kirkdale, de Lunel-Viel[15], les ours des cavernes de la France et de la Germanie, les brèches osseuses des côtes septentrionales de la Méditerranée, les os trouvés dans les fissures calcaires de Plymouth et des monts Mendip, enfin les débris de quadrupèdes contenus dans les dépôts diluviens dispersés à la surface des terrains de tous les âges.

A cette époque, comme pendant la période *Miocene*, les mers étaient habitées par des Dauphins, des Phoques, des Baleines, des Morses et des Lamantins[16]. La présence de ces derniers animaux, maintenant relégués près des côtes et à l'embouchure des grands fleuves de la Zône torride, prouve que le climat de l'Europe a conservé une température élevée, mais probablement toujours décroissante, jusqu'à la dernière période des formations tertiaires.

Il résulte de tout ce qui précède, que cinq causes principales ont contribué à produire l'état actuel de la surface du globe : 1° le passage des roches cristallines de l'état fluide à l'état solide ; 2° le dépôt des roches stratifiées au fond des anciennes mers ; 3° les soulèvemens qui, à différens intervalles, ont élevé les roches non stratifiées et les roches stratifiées au-dessus de l'océan, pour former des continens et des îles ; 4° de violentes inondations qui, jointes au pouvoir décomposant des agens atmosphériques, ont détruit en partie les terres déjà formées, et produit avec leurs détritus d'immenses couches de gravier, de sable et d'argile ; 5° les éruptions volcaniques.

Cas supposés d'ossemens humains fossiles.

A-t-on trouvé des ossemens humains fossiles? Telle est la question qu'il est naturel de s'adresser à la vue de ces débris appartenant à tant d'animaux qui ne sont plus. Jusqu'à présent la réponse ne saurait être que négative. On a découvert, il est vrai, des restes de notre espèce mêlés à des objets d'art dans des couches situées à quelques pieds de la surface; mais rien n'indique d'une manière certaine qu'ils soient du même âge que les couches où ils sont déposés. D'ailleurs, l'usage universel d'enterrer les morts, et la coutume assez fréquente de placer dans les tombeaux toutes sortes d'instrumens, expliquent d'une manière très-plausible la présence des ossemens humains dans les gisemens dont nous venons de parler. Quant aux restes de notre espèce trouvés dans les cavernes, rien ne prouve non plus qu'ils soient contemporains de ceux des espèces perdues avec lesquelles on les rencontre. Plusieurs de ces cavernes ont été habitées par des tribus sauvages; d'autres ont servi de sépulture, mais à une époque bien postérieure à l'ensevelissement des animaux qu'on y découvre. D'autres enfin ont été sujettes à des inondations violentes et passagères. Dès-lors, le mélange des os et des squelettes humains avec les débris de certaines espèces qui ne vivent plus aujourd'hui sur la terre, peut s'expliquer très-facilement et par des causes toutes naturelles [17].

Histoire générale des êtres organisés fossiles.

«La formation et la variété des créatures de Dieu dans les règnes animal, végétal et minéral;» telles sont les sources auxquelles le comte de Bridgewater, fondateur de ce Traité, désirait que l'auteur puisât spécialement ses preuves de la puissance, de la sagesse et de la bonté du Créateur.

Afin d'atteindre le but proposé, le docteur Buckland a cru devoir étudier surtout les débris organiques ensevelis dans les divers terrains. Ils nous apprennent, en effet, que la vie s'est développée par degrés sur cette terre; que, dans le plus grand nombre des cas, l'organisation, d'abord très-simple, s'est compliquée de plus

BIBLIOTHÈQUE

en plus ; enfin, que les espèces éteintes, généralement d'autant plus différentes des espèces actuelles qu'on les examine dans des couches plus anciennes, étaient cependant construites d'après les mêmes principes généraux, et offraient dans leur structure les mêmes harmonies. Preuve évidente que les unes et les autres dérivent d'un seul et même auteur, et que chaque individu de cette chaîne immense est une partie intégrante d'un grand dessein originel.

« L'étude des animaux et des végétaux fossiles forme le caractère distinctif et la base de la géologie moderne ; elle est la cause principale des progrès qu'a faits cette science depuis le commencement du siècle où nous vivons. Parmi ces restes de corps organiques, nous voyons certaines familles traverser les terrains de tous les âges, et conserver des formes génériques presque entièrement semblables à celles des organisations existantes. D'autres familles, chez les animaux, comme chez les végétaux, sont limitées à des formations particulières ; et l'on trouve certains points où des groupes entiers ont cessé d'exister, pour être remplacés par d'autres d'un caractère tout différent. Les changemens de genres et d'espèces sont encore plus fréquens : aussi, a-t-on justement observé que d'entreprendre l'examen de la structure et des révolutions du globe, sans donner une attention minutieuse aux preuves fournies par les débris organiques, ne serait pas moins absurde que d'essayer d'écrire l'histoire d'un peuple ancien quelconque, sans consulter les documens fournis par ses médailles, ses inscriptions, ses monumens, ses villes et ses temples ruinés.

» Ainsi, la botanique et la zoologie sont devenues pour le géologue, non moins indispensables que la minéralogie elle-même. En effet, si, en étudiant les terrains, on s'en rapporte uniquement à l'identité du caractère minéralogique pour établir entre eux l'identité d'origine, on s'expose à commettre à chaque instant de très-graves erreurs ; mais, si à la similitude de la composition minérale on joint celle des débris organiques, on peut affirmer sans crainte que les terrains qu'on examine, ont été formés à la même époque, par les mêmes causes et dans les mêmes circonstances. »

Les secrets que nous révèle l'histoire des restes organisés fossiles, sont tellement intéressans, tellement merveilleux, qu'il y a lieu d'être surpris en voyant l'espèce humaine demeurer pendant tant d'années dans l'ignorance absolue de ce fait aujourd'hui pleinement démontré, savoir : qu'une grande partie du sol où nous marchons, s'est formée avec les dépouilles des animaux et des végétaux qui peuplaient les mers, ou embellissaient les continens d'un monde plus ancien. Des plaines étendues, des montagnes énormes sont, pour ainsi dire, les gigantesques ossuaires où sont venus s'entasser les restes d'une longue suite de générations éteintes. Ce sont des monumens effrayans, qui retracent à nos yeux les opérations de la vie et de la mort, pendant des périodes de temps que rien ne saurait mesurer.

Les Zoophytes et les Mollusques sont de tous les animaux ceux qui ont laissé dans le sein de la terre les plus nombreux débris. Plusieurs couches sont presque entièrement composées de coquilles réduites en très-petits fragmens par les mouvemens long-temps continués des eaux. D'autres fois, ces coquilles si fragiles ont conservé leurs pointes les plus délicates, et dans ce cas on ne saurait douter que les êtres dont elles proviennent, n'aient vécu et ne soient morts près des lieux, ou dans les lieux mêmes où l'on trouve leurs dépouilles. Souvent on découvre des monceaux prodigieux de coquilles microscopiques, aussi étonnantes par leur abondance que par leur extrême petitesse. Soldani a compté dans une once et demie de pierre calcaire extraite des collines de Casciana, en Toscane, 10,454 coquilles à chambres bien distinctes [18]. Il a même vu des espèces dont mille individus ne pesaient pas un grain.

Les débris organiques dont nous avons parlé jusqu'ici, se sont accumulés lentement et d'une manière graduelle pendant des cycles d'une longue durée. Mais, quelquefois aussi, des convulsions volcaniques, des changemens brusques de température ou de pression dans les liquides et les gaz, un mélange insolite de matières limoneuses, une irruption soudaine des eaux salées dans les eaux douces, etc.; en un mot, des causes énergiques et violentes ont détruit instantanément une foule d'animaux terrestres ou marins, dont les dépouilles forment des bancs d'une immense épaisseur. C'est ainsi que paraissent avoir péri la plupart des poissons fossiles, notamment ceux du mont Bolca, de Torre d'Orlando, des schistes cuivreux de Mansfeld. On peut en dire autant des gigantesques Sauriens du Lias [19], ainsi que des Calmars [20] fossiles dont nous aurons bientôt l'occasion de parler. Tous ces animaux ont péri subitement; tous ont été ensevelis immédiatement après leur destruction. En effet, il est rare qu'un seul os, une seule écaille ait quitté la place qu'elle occupait pendant la vie de l'animal; quelquefois même les tégumens ont conservé des traces de leur couleur première.

Assez souvent on voit des animaux et des plantes fluviatiles, lacustres ou terrestres, qui alternent ou se trouvent mêlés avec des animaux et des végétaux décidément marins; mais il est facile de se rendre compte du phénomène dont il s'agit, en supposant que ces corps ont été transportés par les eaux à l'embouchure des grands fleuves, et de là dans la mer.

Si l'on en excepte les ossemens accumulés dans les cavernes, et quelques autres enterrés sous des éboulis, des sables ou des laves, ce n'est que dans les terrains formés par les eaux, que se rencontrent les restes organiques, quelle que soit d'ailleurs leur nature. On en conçoit aisément la raison, quand on se rappelle avec quelle rapidité disparaissent les animaux et les végétaux morts, exposés sur le sol aux influences extérieures. Ceux-là seuls qui sont balayés par les inondations ou emportés par les fleuves, sont soustraits à la dent des Carnassiers ou au pouvoir décomposant de l'atmosphère. Ce sont aussi les seuls dont les débris soient conservés.

« L'étude de ces débris formera le sujet le plus instructif et le plus intéressant de nos investigations, puisque c'est parmi eux que nous trouverons le grand *passe-partout* au moyen duquel nous pourrons connaître l'histoire secrète du globe. Ce sont des documens qui renferment les preuves de révolutions et de catastrophes bien antérieures à l'apparition de l'espèce humaine; ils ouvrent le livre de la Nature, et grossissent les volumes de la Science avec les archives de ces nombreuses générations d'animaux et de végétaux qui se sont succédé tour à tour, et dont la création et l'anéantissement seraient demeurés également inconnus pour nous, sans les découvertes récentes de la géologie. »

Police de la nature.

Avant d'en venir aux preuves de sagesse fournies par l'organisation des Carnivores de l'Ancien Monde, examinons, en peu de mots, la nature de cette loi universelle, en vertu de laquelle des êtres nouveaux remplacent continuellement ceux qui les ont précédés, pour être remplacés à leur tour, quand ils auront épuisé la somme de jouissances qui leur était départie.

La mort est une suite naturelle de la vie. Plus elle est prompte, moins elle est douloureuse. Appliqué à l'espèce humaine, ce principe manquerait de justesse : restreint aux animaux, il est d'une vérité parfaite. Chez eux, en effet, point de sympathies, point de soins affectueux, point de consolations, point d'espérances. Donc, pour ces êtres inférieurs, la mort la plus soudaine est la plus désirable.

On sait que, à toutes les époques, les habitans de la terre ont été partagés en deux grandes divisions : celle des Herbivores et celle des Carnassiers ; et, bien que l'existence de ces derniers paraisse directement contraire aux vues d'une création fondée sur la bienveillance, elle est cependant un véritable bienfait.

« A ceux qui, dans l'économie de la nature, n'ont jamais égard aux résultats généraux, la terre paraît présenter un théâtre de guerre perpétuelle, de carnage sans fin. Mais, pour les hommes dont les vues plus larges considèrent les individus dans leurs relations intimes au bien-être général de leur espèce, ou à celui des autres espèces avec lesquelles ils sont associés dans la grande famille de la nature, chaque cas apparent de mal individuel se résout en un exemple d'utilité par rapport au bien-être de tous.

» Dans le système actuellement établi, la somme des jouissances animales est non-seulement de beaucoup augmentée, grâce à l'existence de toutes les espèces carnivores, mais ces espèces sont encore extrêmement bienfaisantes, même pour les animaux herbivores qui sont soumis à leur domination.

» Outre le bienfait si désirable d'une prompte mort aux approches de la vieillesse ou de la débilité, les Carnivores rendent un autre service aux animaux dont ils font leur proie, parce qu'ils mettent obstacle à leur accroissement excessif, en détruisant une foule d'individus jeunes et bien portans. Sans cette répression salutaire, chaque espèce se multiplierait bientôt à un degré qui lui deviendrait fatal, en ce qu'elle ne pourrait plus trouver de quoi fournir à sa subsistance ; et la classe entière des Herbivores se trouverait continuellement dans un état si voisin de l'inanition, que la plupart des êtres qui la composent, seraient chaque jour condamnés à une mort lente et pénible causée par la famine. Tous ces maux sont arrêtés par la puissance répressive dont jouissent les

Carnivores : par eux, les espèces sont maintenues dans une juste proportion numérique les unes par rapport aux autres ; les êtres faibles, mutilés, âgés ou surnuméraires, sont dévoués à une mort soudaine ; chaque individu souffrant, promptement délivré de ses douleurs, fait servir son corps affaibli à l'entretien de son bienfaiteur carnivore, et rend plus *confortable* l'existence des êtres vigoureux de son espèce qui sont destinés à lui survivre.

» Cette même *police de la nature*, si bienfaisante pour la grande famille des habitans de la terre ferme, est établie avec un égal avantage parmi les habitans des mers. Chez ces derniers aussi, il est une grande division qui vit de végétaux, et sert de nourriture principale à l'autre division, dont les appétits sont essentiellement carnivores. Nous voyons encore ici qu'en l'absence des animaux carnassiers, les Herbivores abandonnés à eux-mêmes se multiplieraient indéfiniment, jusqu'à ce que le manque d'alimens les réduisît aussi à une inanition complète ; la mer fourmillerait de créatures continuellement exposées aux tourmens de la faim, et la mort par famine serait le terme de ces vies misérables et mal entretenues.

» Ainsi, la mort occasionée par les Carnassiers comme terme ordinaire de l'existence animale, paraît être dans ses résultats principaux une dispensation pleine de bienveillance ; elle diminue de beaucoup la somme des douleurs que la mort fait souffrir à l'universalité des êtres ; elle abrége et annihile en quelque sorte, chez les animaux, les misères de la maladie, les incommodités accidentelles, la langueur et le dépérissement ; elle impose des restrictions salutaires à l'excessive multiplication des individus, en sorte que la quantité de nourriture fournie est toujours en rapport avec ce qu'exigent les besoins. Il en résulte qu'à la surface de la terre et dans la profondeur des eaux, fourmillent des myriades d'êtres animés dont les plaisirs durent autant que l'existence, et qui, pendant le peu de jours départis à chacun d'eux, remplissent avec joie les fonctions pour lesquelles ils ont été créés. La vie, pour chaque individu, est une scène de continuels festins dans un pays d'abondance ; et quand une mort inattendue vient en arrêter le cours, il paie à de faibles intérêts la dette immense qu'il a contractée envers le fonds commun de nourriture animale, d'où il a tiré les matériaux de son propre corps. Ainsi, le grand drame de la vie dure éternellement; et quoique les acteurs changent sans cesse, les mêmes rôles sont toujours remplis par d'autres générations qui renouvellent la face de la terre et le sein des abîmes, en y faisant succéder sans interruption la vie et le bonheur. »

Mammifères fossiles.

Chacun des êtres qui ont embelli tour à tour la surface de la terre où nous retrouvons maintenant leurs débris, pourrait nous fournir d'innombrables preuves de la puissance, de la sagesse et de la bonté du Créateur. Mais, comme il nous serait tout-à-fait impossible de les examiner tous en détail, et que la plupart ne se distinguent de leurs représentans actuels que par des différences généralement peu importantes, nous nous contenterons, à l'exemple du docteur Buckland, de décrire dans chaque classe, dans chaque famille, les genres les plus remarquables par leur structure, leurs instincts, leurs habitudes ou leurs dimensions. Ainsi, dans la classe des Mammifères, nous choisirons deux animaux que l'on pourrait appeler, à juste titre, les Colosses de l'ancienne Création. Le premier a reçu le nom de Dinotherium Giganteum ; le second, celui de Megatherium.

Dinotherium.

C'est à Eppelsheim, dans le duché de Hesse-Darmstadt, que l'on a trouvé les débris les plus abondans du Dinotherium giganteum. Cet énorme quadrupède, intermédiaire entre le Tapir et le Mastodonte, avait dix-huit pieds de longueur. La forme de son omoplate, très-ressemblante à celle de la Taupe, semble indiquer que les membres antérieurs étaient faits pour creuser la terre, indication qui est corroborée par la structure de ses pieds armés d'ongles longs et très-forts [21], et par celle de sa mâchoire inférieure.

« Les dents molaires se rapprochent beaucoup, quant à la forme, des molaires du Tapir ; mais une déviation remarquable des caractères propres à ce dernier, et en général à tout autre quadrupède, c'est la présence de deux énormes défenses placées à l'extrémité antérieure de la mâchoire inférieure, et courbées vers la terre comme les défenses implantées dans la mâchoire supérieure du Morse.

» Je bornerai pour le moment mes observations à cette particularité dans la position des défenses, et j'essaierai de démontrer jusqu'à quel point ces organes expliquent les habitudes des animaux éteints dans lesquels on les rencontre. Il est mécaniquement impossible qu'une mâchoire inférieure d'environ quatre pieds de longueur, chargée à son extrémité de défenses aussi pesantes, n'eût pas été incommode et embarrassante pour un quadrupède vivant sur les terres sèches. Cette structure n'avait pas ce désavantage pour un animal de grande taille, destiné à vivre dans l'eau; et, à en juger par les habitudes aquatiques des Tapirs, dont le Dinotherium était extrêmement voisin, il est probable qu'il habitait, comme eux, les eaux douces, les lacs et les rivières. Pour un être doué de pareilles habitudes, le poids des mâchoires n'avait rien d'incommode; et si nous supposons qu'elles étaient employées à ramasser et à déraciner du fond des eaux les grands végétaux aquatiques, elles réunissaient pour cet office la puissance mécanique de la pioche et celle de la herse de la moderne agriculture. La pesanteur de la tête placée au-dessus de ces défenses recourbées, ajoutait encore à leur efficacité pour l'usage que nous leur supposons, de la même manière que le pouvoir de la herse est augmenté quand on la charge d'objets pesans.

» Les défenses du Dinotherium présentaient encore un avantage mécanique, pour accrocher au rivage la tête de l'animal. Alors ses narines étaient soutenues au-dessus de l'eau, et, pendant son sommeil, il pouvait respirer avec une entière sécurité, tandis que son corps flottait librement au-dessus de la surface. L'animal ainsi amarré au bord d'une rivière ou d'un lac, avait la faculté de se reposer sans le moindre effort musculaire, puisque le poids de la tête et du corps tendait à fixer les défenses, et, pour ainsi dire, à les ancrer dans le terrain qui formait le rivage, de même que le poids du corps d'un oiseau tient, pendant qu'il dort, ses doigts solidement fermés autour de son perchoir. Ces longues dents pouvaient aussi servir, comme celles de la mâchoire supérieure du Morse, à aider l'animal à se traîner hors de l'eau, ou bien étaient pour lui de formidables instrumens de défense [22]. »

Mégatherium.

Le Mégatherium a été trouvé principalement dans l'Amérique du Sud et le Paraguay. Sous plusieurs rapports, il se rapprochait beaucoup du Paresseux [23] (*Bradypus*), et, comme lui, présentait dans sa forme extérieure des monstruosités apparentes, mais qui s'expliquent pourtant avec la plus grande facilité, quand on considère le but pour lequel l'animal avait été créé.

« Pour la taille, le Mégatherium surpasse les Édentés dont il est le plus voisin, bien plus qu'aucun autre animal fossile ne surpasse ceux de ses congénères vivans qui offrent avec lui le plus de ressemblance. Avec la tête et les épaules du Paresseux, il présente dans ses jambes et ses pieds un mélange des caractères du Fourmillier [24], du Tatou et du Chlamyphore. Probablement il ressemblait encore plus au Tatou et au Chlamyphore, en ce qu'il était revêtu d'une armure osseuse dans laquelle il était, pour ainsi dire, enfermé. Ses hanches avaient plus de 5 pieds de largeur ; son corps était long de 12 pieds et haut de 8 ; ses pieds avaient un yard (0m,914) de longueur, et ils étaient terminés par des ongles gigantesques. Sa queue était sans doute aussi couverte d'une armure, et beaucoup plus grosse que celle d'aucun autre Mammifère terrestre, soit vivant, soit fossile. Ainsi grossièrement construit et pesamment armé, il ne pouvait ni courir, ni sauter, ni grimper, ni se creuser un terrier sous le sol ; et, dans tous ses mouvemens, il devait être nécessairement d'une lenteur extrême. Mais à quoi bon une locomotion rapide à un animal qui ne s'occupait qu'à déterrer des racines, et qui, par cela même, était à peu près stationnaire ? Qu'était-il besoin d'agilité pour fuir ses ennemis à une créature dont la carcasse gigantesque était enfermée dans une cuirasse impénétrable, et qui, d'un seul coup de son pied ou de sa queue, pouvait, en un instant, *démolir* le Couguard ou le Crocodile ? A l'abri, sous l'armure osseuse qui l'enveloppait entièrement, quel ennemi eût osé défier ce Léviathan des Pampas ? Quelle créature plus puissante que lui pouvons-nous regarder comme la cause de l'extirpation de sa race ? »

Oiseaux fossiles.

Ces Vertébrés paraissent pour la première fois dans les terrains de la série secondaire : encore leurs débris y sont-ils d'une extrême rareté.

Ornithichnites.—Quoi qu'il en soit, les Ornithichnites[25] (traces d'oiseaux) récemment découvertes par le professeur Hitchcock sur le nouveau grès rouge de la vallée du Connecticut, ne permettent pas de révoquer en doute la haute antiquité des oiseaux de rivage. Au nombre des impressions observées par ce naturaliste, on remarque surtout celles d'un Échassier gigantesque, deux fois aussi grand que l'Autruche africaine. Dans une autre espèce les traces des doigts avaient de 12 à 16 pouces de longueur, sans compter un appendice de 8 à 9 pouces, placé à la partie postérieure du talon, et probablement destiné à soutenir le poids d'un animal pesant marchant sur un sol mou. La distance des Ornithichnites, presque toujours en rapport avec les dimensions des pieds, est proportionnellement beaucoup plus grande que chez aucune espèce d'oiseaux vivans.

La découverte du professeur Hitchcock est du plus haut intérêt pour le Paléontologiste. Elle prouve, en effet, que plusieurs oiseaux de l'Ancien Monde atteignaient une taille supérieure à celle des oiseaux de nos jours, et qu'ils étaient faits plutôt pour marcher sur des rivages fréquemment inondés, que pour voler dans les plaines des airs.

Œufs fossiles. — Les débris d'oiseaux deviennent plus nombreux dans les terrains tertiaires ; quelquefois même on y découvre des œufs[26] (Formation lacustre de Cournon, en Auvergne). Dans les dépôts de la période *Eocene*, on a trouvé les os de neuf ou dix espèces qui ne vivent aujourd'hui dans aucune contrée du globe, mais qui toutes appartiennent à des genres existans. Deux ordres d'oiseaux seulement n'ont pas été rencontrés à l'état fossile : ce sont les Passereaux (moineau, serin, etc.) et les Grimpeurs (pics, perroquets, etc.).

Reptiles fossiles.

« Il fut un temps où, ni les Mammifères carnivores, ni les Mammifères terrestres n'avaient encore paru. A cette époque (période secondaire), les plus terribles habitans de la terre et des eaux étaient des Crocodiles et des Lézards de formes très-variées, d'une taille souvent gigantesque, et organisés de manière à supporter la turbulence et les convulsions continuelles de la surface agitée de notre monde encore enfant.

» Quand nous voyons la place importante qui, dans la population primitive du globe, avait été assignée aux Reptiles, nous ne pouvons, sans éprouver un intérêt nouveau et tout-à-fait inaccoutumé, jeter les yeux sur les ordres comparativement si peu nombreux qui composent maintenant cette antique famille de quadrupèdes, dont le nom seul réveille ordinairement en nous un sentiment d'horreur. Nous aurons pour eux moins d'aversion, quand nous lirons dans l'histoire de la géologie qu'il y eut une époque où les Reptiles, non-seulement étaient les principaux habitans et les plus puissans possesseurs de la terre, mais encore étendaient leur domination sur les ondes des mers ; quand nous lirons que l'on peut suivre les annales de leur histoire pendant des milliers d'années, avant d'arriver à ce dernier instant des scènes progressives de la création animale, où nos premiers parens furent appelés à l'existence.

» Les personnes à qui ce sujet est présenté pour la première fois, entendront avec une extrême surprise, peut-être même avec incrédulité, les assertions ici mises en avant. Il faut convenir que, au premier abord, elles paraissent être plutôt les rêves de la fiction et du roman, que les résultats sérieux d'une investigation calme et réfléchie; mais ceux qui connaissent les preuves physiques sur lesquelles s'appuient nos conclusions, ne pourront conserver aucun doute raisonnable sur l'existence de ces étranges et curieuses créatures, aux époques et à la place que nous leur assignons. Ainsi l'antiquaire, quand il voit les catacombes d'Égypte remplies de momies d'hommes, de bœufs Apis et de Crocodiles, en conclut que ce sont les restes de Mammifères et de Reptiles qui firent jadis partie d'une population fixée sur les bords du Nil. »

Ichthyosaurus.

Parmi ces monstrueux Reptiles de la série secondaire, on distingue surtout les Ichthyosaurus, ou Lézards-poissons, ainsi nommés de la ressemblance imparfaite de leurs vertèbres avec celles des poissons. Ces antiques Sauriens, dont la taille atteignait quelquefois plus de 20 pieds de longueur, présentaient dans leur organisation des particularités maintenant départies aux diverses classes et aux divers ordres d'animaux, mais qu'on ne retrouve plus réunies dans un seul et même genre. Ainsi, ils avaient tout à la fois le museau d'un Marsouin [27], les dents d'un Crocodile, la tête d'un Lézard, les vertèbres d'un Poisson, le sternum de l'Ornithorhynque [28] et les nageoires d'une Baleine. Leur corps monstrueux se terminait par une queue longue et d'une force prodigieuse.

La tête avait chez certaines espèces (Ichthyosaurus platyodon) plus de 6 pieds de longueur. Leurs yeux énormes étaient entourés d'une série de pièces osseuses analogues à celles qui entourent les yeux de plusieurs Oiseaux et de certains Reptiles (Hibous, Tortues). Par leur rétraction ces pièces osseuses augmentaient la convexité de la partie antérieure de l'œil, et le transformaient en microscope; en reprenant leur position naturelle, elles en faisaient un télescope[29]. Ce curieux instrument d'optique permettait à l'Ichthyosaurus de découvrir sa proie de loin comme de près, dans l'obscurité de la nuit et dans les abîmes des mers. Cet appareil servait encore à protéger l'œil de l'animal contre la pression de l'eau, quand il s'enfonçait à de grandes profondeurs, et le garantissait de l'action nuisible des vagues, lorsqu'il venait respirer à la surface. Les mâchoires de certaines espèces étaient armées de 180 dents coniques; chez toutes, elles présentaient une disposition merveilleusement appropriée à l'objet qu'elles devaient remplir. La mâchoire inférieure surtout, à cause de sa longueur et de la taille des animaux qu'elle était destinée à saisir, aurait été sujette à de fréquentes fractures; aussi, loin d'être formée d'un seul os, comme chez les Mammifères, elle se composait de 6 pièces combinées de manière à la rendre tout à la fois très-solide, très-élastique et d'une grande légèreté. Les vertèbres des Ichthyosaurus, au nombre de plus de 100, étaient creuses comme celles des poissons; structure admirablement adaptée aux mouvemens que ces animaux devaient exécuter dans le milieu qu'ils habitaient. Leurs côtes nombreuses, minces, pour la plupart bifurquées à leur extrémité postérieure, se continuaient le long de la colonne vertébrale, depuis la tête jusqu'au bassin. Plusieurs d'entre elles s'unissaient à leur extrémité antérieure avec celles du côté opposé, au moyen des os intermédiaires analogues aux portions cartilagineuses, intermédiaires et sternales des côtes du Crocodile. Cette structure permettait probablement à l'animal d'introduire dans sa poitrine une grande quantité d'air, et de plonger longtemps sans venir respirer à la surface des eaux [30].

Les membres antérieurs ressemblaient à ceux de la Baleine, et occupaient à peu près la même place; mais, outre ces rames élastiques et puissantes, les Ichthyosaurus en avaient deux autres de moitié plus petites et placées à la partie postérieure du corps. Ces dernières manquent chez les Cétacés [31] : mais leur absence est compensée par une queue plate et horizontale destinée aux mêmes usages.

Les géologues ne sont pas seulement parvenus à reconstruire le squelette de ces Reptiles; ils ont encore fait connaître leur genre de nourriture, les dimensions, la forme et la structure de leur estomac et de leurs intestins.

Coprolithes. — A Lyme Regis (comté de Dorset), et dans les terrains secondaires de plusieurs parties de l'Europe et de l'Amérique, on découvre en grande abondance des corps oblongs, ordinairement contournés en spirale, d'une texture compacte semblable à de l'argile endurcie, et présentant une cassure conchoïdale et lustrée. Leur longueur ordinaire est de 2 à 4 pouces; leur diamètre de 1 à 2 pouces. Ces corps ont reçu le nom de *Coprolithes*, c'est-à-dire, *excrémens pétrifiés*. Leur origine ne saurait être incertaine, puisqu'on les rencontre souvent dans la cavité abdominale des squelettes fossiles d'Ichthyosaurus, et que leur composition chimique et leur aspect sont identiques à l'aspect et à la composition chimique des Coprolithes isolés. Dans les uns et les autres on observe assez fréquemment les restes à moitié digérés des Poissons et des Reptiles dont les Ichthyosaurus faisaient leur nourriture. Souvent aussi on y trouve des os de petits Ichthyosaurus. A en juger par les dimensions de ces os, les animaux dont ils proviennent avaient au moins 6 pieds de longueur. D'un autre côté, les dents des Lézards-poissons nous indiquent par leur forme qu'ils devaient, comme les Crocodiles, avaler leur proie tout entière : nous pouvons donc en conclure que l'estomac de ces animaux formait une vaste poche, qui s'étendait à peu près dans toute la cavité du corps. Quant à leurs intestins, l'état d'enroulement des Coprolithes prouve qu'ils ressemblaient à ceux des Chiens de mer ou des Raies, c'est-à-dire, qu'ils présentaient à l'intérieur une disposition tout-à-fait analogue à celle de la vis d'Archimède, disposition d'autant plus admirable, que, tout en ménageant l'espace, elle augmentait l'étendue de la surface absorbante.

Ainsi, ces excrémens qui, en sortant des intestins des Ichthyosaurus, tombaient dans les couches encore molles des terrains secondaires, y sont restés ensevelis pendant des périodes de temps d'une longueur incalculable, jusqu'à ce que, retirés de leurs profondes retraites par les travaux des géologues, ils ont servi à éclairer l'histoire des événemens qui se passaient au fond des mers, à des époques de beaucoup antérieures à l'existence de l'homme.

Plésiosaurus dolichodeirus.

Un animal voisin de l'Ichthyosaurus, dont il était le contemporain, c'est le Plésiosaurus dolichodeirus, qui, au dire de Cuvier lui-même, peut être considéré comme le plus hétéroclite des habitans de l'Ancien-Monde, et comme celui de tous qui paraît le plus mériter le nom de monstre. En effet, à une tête de Lézard il joignait les dents d'un Crocodile, un cou d'une excessive longueur, semblable au corps d'un Serpent; un tronc et une queue dont les proportions étaient celles de ces mêmes parties chez un quadrupède ordinaire, les côtes d'un Caméléon, et les nageoires d'une Baleine. Mais ces anomalies consistaient uniquement dans une disposition particulière, et dans des proportions variées de parties essentiellement semblables à celles qu'on observe aujourd'hui dans les créatures dont l'organisation est regardée comme la plus parfaite.

Quant aux habitudes des Plésiosaurus, il paraît que ces animaux vivaient dans les mers peu profondes; qu'ils respiraient l'air à la manière des Ichthyosaurus; enfin, qu'ils se nourrissaient de proie vivante, et particulièrement de Poissons.

Mosasaurus.

A partir du lias jusqu'au commencement des formations crétacées, les Ichthyosaurus et les Plésiosaurus furent les tyrans des mers. A l'époque même où ils périrent, c'est-à-dire, pendant le dépôt de la craie, ils furent remplacés par un nouveau genre, destiné lui-même à céder sa place aux Cétacés des terrains tertiaires. C'est le Mosasaurus, lézard marin, qui, si l'on en juge par sa taille (25 pieds de longueur) et par les dimensions de ses dents et de sa mâchoire, devait faire aux Poissons une guerre des plus actives.

Ptérodactyle.

Parmi les monstrueux Sauriens de l'Ancien-Monde, il en est dont les formes bizarres rappellent assez bien les fabuleux dragons de la Mythologie, ou les créations fantastiques du génie de Callot.

Cet être hétéroclite, auquel on a donné le nom de Ptérodactyle, offre dans sa structure des anomalies en apparence si extraordinaires, que, dès le principe de sa découverte, certains naturalistes le prirent pour un Oiseau, d'autres pour une Chauve-souris, d'autres enfin pour un Reptile volant.

« Cette singulière divergence d'opinions relativement à un animal dont le squelette était presque entier, tenait à l'existence simultanée de certains caractères évidemment propres à chacune des grandes classes auxquelles on le rapportait. La forme de sa tête et la longueur de son cou semblable à celui des Oiseaux, ses ailes approchant de celles des Chauve-souris, sa queue et son corps analogues à ceux des Mammifères ; tous ces caractères, joints à un crâne étroit comme celui des Reptiles, et à un bec garni de 60 dents aiguës, présentaient une combinaison d'anomalies apparentes, que le génie de Cuvier pouvait seul concilier. Entre ses mains, cette production de l'Ancien-Monde, au premier coup-d'œil si monstrueuse, s'est changée en un des plus beaux exemples qu'ait fournis l'Anatomie comparée, pour prouver l'harmonie qui a toujours régné dans la nature, lorsqu'il a fallu adapter les mêmes parties de la charpente animale aux conditions infiniment variées de l'existence.

» Pour la forme extérieure, ces animaux avaient quelque ressemblance avec les Chauve-souris ou les Vampires actuels[32]. La plupart d'entre eux avaient le museau allongé comme celui du Crocodile, et armé de dents coniques. Leurs yeux étaient d'une grosseur extraordinaire, et leur donnaient probablement la faculté de voir pendant la nuit. De leurs ailes partaient des doigts terminés par de longs crochets, semblables à l'ongle recourbé du pouce de la Chauve-souris. Ces crochets formaient une griffe puissante, au moyen de laquelle l'animal pouvait ou ramper, ou grimper, ou se suspendre aux arbres. Il est probable aussi que les Ptérodactyles étaient doués de la faculté de nager, si commune chez les Reptiles, et maintenant possédée par le Ptéropus psélaphon, ou Chauve-souris vampire de l'île de Bonin (*Voy.* Journ. de Zool., vol. XVI, pag. 458). Ainsi, comme le Satan de Milton, qui était propre à tous les emplois, et capable d'habiter tous les élémens, le Ptérodactyle pouvait accompagner les Reptiles ses alliés, qui fourmillaient dans les mers ou rampaient à la surface de notre planète agitée.

. . . . The Fiend[33]
O'er bog, or steep, through strait, rough, dense, or rare,
With head, hands, wings, or feet, pursues his way,
And swims, or sinks, or wades, or creeps, or flies. »

Paradise Lost, Book II, line 947.

Si l'on en croit Cuvier, les Ptérodactyles étaient insectivores et saisissaient au vol les grandes Libellules et cette foule d'autres Insectes dont on trouve les débris mêlés avec les leurs. Mais il est probable que les plus grandes espèces se nourrissaient aussi de Poissons, peut-être même des petits Marsupiaux qui existaient à ces anciennes époques.

Mégalosaurus.

Le Mégalosaurus, animal intermédiaire entre le Crocodile et le Monitor, avait de 40 à 50 pieds de long. Il vivait principalement sur les terres découvertes. Essentiellement carnivore, il faisait sa proie des Reptiles plus petits que lui, Crocodiles, Tortues, etc.; peut-être même poursuivait-il dans l'eau les Plésiosaurus et les Poissons.

Iguanodon.

L'Iguanodon a été ainsi nommé parce que ses dents présentent de nombreuses analogies de structure avec celles des modernes Iguanes[34], dont il était extrêmement voisin. Comme ces derniers, il habitait la terre ferme; comme eux, il se nourrissait spécialement de substances végétales; comme eux, enfin, il portait une pointe conique osseuse sur le milieu du nez. Cette particularité, jointe à un mode de dentition dont les Iguanes seuls nous offrent un exemple, est une preuve frappante de l'universalité de ces magnifiques lois de coexistence, qui forment la base de l'anatomie comparée, et donnent à ses découvertes un intérêt si vif et si puissant. D'après tout ce qui vient d'être dit, on a pu voir que les Sauriens de l'Ancien-Monde avaient des habitudes très-diverses et des séjours variés. Ainsi, les Ichthyosaurus, les Plésiosaurus et les Mosasaurus exerçaient leur empire au sein même de l'antique Océan ; les Ptérodactyles parcouraient librement le vaste champ des airs ; les Mégalosaurus et les Iguanodons rampaient sur les terres sèches.

Aujourd'hui aucun genre de Sauriens ne possède la faculté de voler ; tous rampent à la surface du sol ou vivent dans les eaux douces ; tous, enfin, ont une taille bien inférieure à celle des animaux du même ordre, dont nous venons d'esquisser la singulière histoire.

Tandis que les Iguanes ordinaires atteignent à peine 5 pieds de longueur, l'Iguanodon avait, d'après les calculs de M. Mantell, 70 pieds du bout du museau à l'extrémité de la queue ; celle-ci était longue de 52 pieds et demi ; enfin, le corps avait 14 pieds de tour. Parvenues à l'état adulte, les grandes espèces de Monitors ont de 10 à 12, et les Crocodiles de 25 à 30 pieds, et cependant, sous ce rapport, ils le cèdent de beaucoup au Mégalosaurus dont ils sont très-voisins. Mais, à travers toutes ces variations, nous retrouvons toujours les mêmes lois, les mêmes combinaisons d'organes, le même mécanisme ; toujours nous reconnaissons la haute sagesse et l'immensité du pouvoir de Celui qui d'un seul mot a créé la Nature et ses ravissantes harmonies.

Téléosaurus et Sténéosaurus.

Il nous reste à dire quelques mots de deux genres très-rapprochés du Crocodile, et tous deux contemporains de l'Ichthyosaurus. Ces grands Reptiles, désignés par Geoffroy-Saint-Hilaire sous le nom de Téléosaurus et de Sténéosaurus, fréquentaient les mers peu profondes, et devaient probablement se nourrir de Poissons. Aussi leur museau était-il, comme celui des Gavials du Gange[35], parfaitement approprié à ce genre de régime, c'est-à-dire, grêle, très-allongé, et garni de dents extrêmement nombreuses (150 chez le Téléosaurus.)

Il était naturel de penser que les Crocodiles des terrains secondaires présenteraient cette forme, pour ainsi dire, indispensable : car, à l'époque où ils vivaient, les Mammifères étaient encore très-rares. Aussi les genres à museau allongé dominent-ils exclusivement dans les formations antérieures à la craie et dans les terrains crétacés eux-mêmes, tandis que les Crocodiles à museau large, court, propre à saisir et à dévorer de grands quadrupèdes, en un mot, les Crocodiles semblables aux Alligators[36], ne se rencontrent que dans les terrains tertiaires, les seuls qui se soient déposés à une époque où les Mammifères étaient très-abondans.

La découverte de ces animaux est donc d'une haute importance. Elle prouve, en effet, que certains Vertébrés ont survécu à tous les changemens, à toutes les révolutions qu'a éprouvées le globe, et qu'ils conservent encore les traits primitifs sous lesquels ils ont paru pour la première fois à sa surface. Elle est en opposition complète avec toute théorie qui voudrait faire dériver la famille des Crocodiles de celle des Ichthyosaurus et des Plésiosaurus, au moyen d'une série de métamorphoses et de développemens graduels. Enfin, elle nous présente un autre exemple de cette harmonie, de cette régularité, de cette sagesse infinie, dont les œuvres du Créateur portent toujours l'irrécusable empreinte.

Tortues fossiles.

L'ordre des Chéloniens parut sur la scène de l'Ancien-Monde presque en même temps que celui des Sauriens, et les animaux qui en font partie ont toujours présenté à peu près la même organisation et les mêmes habitudes ; seulement les débris des Tortues de terre sont beaucoup moins abondans que ceux des Tortues marines.

Un fait bien singulier dans l'histoire de ces Reptiles, c'est la découverte récente (Grès bigarré du comté de Dumfries, en Écosse) de ces empreintes, dont l'auteur des *Reliquiæ diluvianæ* a si bien expliqué la nature. Il a fait marcher sur du sable mouillé, de l'argile et de la pâte, une Tortue grecque (espèce terrestre) et une Émys vivante (Tortue d'eau douce), et, en comparant la trace des pieds de ces animaux avec les impressions qu'on observe sur le grès bigarré du comté de Dumfries, il s'est convaincu que ces impressions avaient été formées par des Tortues de terre.

Nous espérons que le lecteur nous saura gré de lui faire connaître le brillant morceau par lequel l'auteur termine l'histoire des Chéloniens : « En vain l'historien ou l'antiquaire a-t-il traversé les champs de bataille anciens ou modernes; en vain a-t-il suivi la marche triomphante de ces conquérans dont les armées écrasèrent les plus puissans empires du monde; les vents et les tempêtes ont effacé les empreintes éphémères de leurs pas. De tant de millions d'hommes et d'animaux dont les envahissemens répandirent la désolation sur la terre, il ne reste pas même la trace d'un seul pied. Mais les Reptiles qui rampaient à la surface de notre planète encore dans l'enfance, ont laissé de leur passage de durables et indélébiles souvenirs. Aucune histoire n'a enregistré leur naissance ni leur destruction. Leurs os mêmes ne se trouvent plus parmi les restes fossiles d'un monde plus ancien. Des siècles, des milliers d'années ont passé depuis que ces empreintes furent tracées par les Tortues sur les sables de l'Écosse, leur patrie, jusqu'au moment où de nouveau mises à découvert, elles ont été exposées à nos yeux curieux et saisis de surprise. Cependant nous les voyons imprimées sur le roc, aussi distinctes que la trace de l'animal qui vient de passer sur la neige récemment tombée; comme si elles étaient là pour nous prouver que des milliers d'années ne sont rien dans l'Éternité, et en quelque sorte pour tourner en dérision la course passagère et périssable des plus puissans potentats. »

Poissons fossiles.

L'histoire des Poissons fossiles offre d'autant plus de difficultés, que les Poissons vivans sont encore mal connus. Cependant, au moyen d'un caractère purement extérieur, la forme des écailles, M. Agassiz est parvenu à rendre à la lumière au moins 200 genres et plus de 800 espèces totalement perdus. Grâce aux magnifiques travaux du naturaliste de Neufchâtel, on sait maintenant que ces Vertébrés ont traversé l'entière série des formations géologiques; qu'ils diffèrent d'autant plus de leurs congénères actuels, qu'on les observe dans des couches plus anciennes; enfin, que les grands changemens opérés dans les caractères des Poissons fossiles, ont coïncidé avec les modifications les plus importantes survenues dans les autres classes d'animaux et de végétaux, et même dans l'état minéral des couches où nous les rencontrons. Ces changemens n'ont pas eu lieu *insensiblement* d'une formation à l'autre; et, ni les mêmes genres, ni les mêmes familles ne traversent les séries successives des grandes formations; ils changent d'une manière *abrupte*, à certains points marqués de la succession verticale des couches, et jusqu'à présent on n'a pas trouvé une seule espèce de Poissons fossiles qui fût commune à deux grandes formations, ou vécût aujourd'hui dans le sein de nos mers. Il semble donc impossible d'expliquer les changemens qui, à diverses époques, ont eu lieu dans l'organisation, si l'on refuse d'admettre des actes de création directs et plusieurs fois répétés.

Mollusques fossiles.

L'histoire des Mollusques n'est pas moins intéressante que celle des Poissons, et les preuves qu'elle fournit de la sagesse et de la bonté du Créateur, ne sont ni moins nombreuses, ni moins persuasives.

On sait que le corps de ces animaux est généralement d'une mollesse extrême ; aussi a-t-il totalement disparu. Mais leurs coquilles extérieures, et quelquefois un appareil intérieur de la nature des coquilles, ont été conservés. C'est dans les couches les plus anciennes de la série de transition, que l'on commence à découvrir les premiers vestiges des débris testacés. Déjà plus abondans dans les terrains secondaires, ils le deviennent bien plus encore dans les formations tertiaires. Comme la plupart des coquilles fossiles offrent une très-grande ressemblance avec celle des espèces et des genres actuels, on est en droit de conclure que les unes et les autres ont servi aux mêmes usages, et que les animaux qui les portaient avaient des formes, des habitudes et des appétits tout-à-fait analogues à ceux des Mollusques vivans.

Calmars.

Arrêtons un instant notre attention sur ces corps singuliers récemment découverts dans le lias de Lyme-Regis, sur ces réservoirs à encre qui ont incontestablement appartenu à des Calmars fossiles. Ces réservoirs sont encore distendus comme s'ils faisaient partie de l'organisation d'un corps vivant, et conservent avec la plume cornée de l'animal des rapports de position parfaitement semblables à ceux que l'on observe entre la bourse au noir et la plume cornée du Calmar actuel. Bien plus, l'encre qu'ils renferment, quoique considérablement durcie, n'a pourtant rien perdu de ses qualités premières ; broyée sous la meule, elle peut être employée aux mêmes usages que la sépia de nos peintres modernes. Ce qui le prouve, c'est que, à l'exemple de Cuvier, qui avait dessiné le Poulpe commun [37] avec la liqueur noire dont il se sert pour dérouter ses ennemis, ou pour saisir plus facilement sa proie, le docteur Buckland a représenté les restes du Calmar avec l'encre fossile de ce Céphalopode [38]. Un peintre célèbre a déclaré que ces dessins avaient été lavés avec de l'excellente sépia ; et, désireux d'en avoir d'aussi bonne, il a demandé à l'auteur chez quel marchand il lui serait possible de se la procurer. La découverte de ces réservoirs à encre et l'état de distension dans lequel ils se trouvent, démontrent, d'une manière incontestable, que les animaux auxquels ils ont appartenu, périrent subitement, et furent bientôt après ensevelis dans le sédiment où l'on rencontre aujourd'hui leurs dépouilles. La plume cornée pourrait nous conduire aux mêmes conclusions.

Ammonites.

Les Ammonites, vulgairement Cornes d'Ammon, sont des coquilles extérieures, polythalames, fort ressemblantes à celle du Nautilus Pompilius [39]. Ces fossiles ont traversé l'entière série des formations géologiques, à partir des terrains de transition, jusqu'à la craie inclusivement. On en compte aujourd'hui plus de 270 espèces. Toutes diffèrent suivant l'ancienneté des terrains dans lesquels on les trouve ; toutes varient beaucoup pour la forme et encore plus pour la grandeur. Les unes offrent à peine la grosseur d'une lentille ; d'autres ont, au contraire, plus de 12 pieds de circonférence.

Quant à leur distribution géographique, elle paraît avoir participé de cette universalité si commune chez les animaux et chez les végétaux des premiers âges, et si différente de la distribution variée à laquelle sont soumises les formes actuelles de la vie organique. On observe les mêmes genres et quelquefois les mêmes espèces d'Ammonites, non-seulement dans l'Europe entière ; mais encore dans des contrées fort éloignées les unes des autres, soit en Asie, soit dans les deux Amériques.

Comme le Nautile, l'Ammonite est composée de trois parties essentielles : 1° d'une coquille extérieure, ordinairement discoïde, ornée à sa surface de côtes qui en augmentent la solidité ; 2° d'une série de chambres à air pratiquées dans l'intérieur, et formées par des cloisons transversales qui divisent l'intérieur de la coquille ; 3° d'un siphon ou tuyau qui commence au fond de la chambre extérieure, et de là se continue à travers l'entière série des chambres à air, jusqu'à l'extrémité la plus intérieure de la coquille.

Comme celle du Nautilus Pompilius, cette coquille avait probablement un double office à remplir : 1° elle protégeait le corps de l'animal ; 2° elle lui permettait de s'élever à la surface et de descendre au fond des eaux, et cela au moyen d'un mécanisme analogue à celui du liége dont le pêcheur garnit sa ligne, ou mieux encore, à celui d'une cloche de plongeur.

Enfin, de même que celui du Nautile, l'Animal de l'Ammonite était logé dans la chambre la plus extérieure. A mesure qu'il s'accroissait, il laissait derrière lui des espaces qui devenaient successivement autant de chambres à air destinées à augmenter le pouvoir du flotteur. Ce flotteur, dont l'action était réglée par le siphon, formait un instrument hydraulique d'une extrême délicatesse, au moyen duquel l'Ammonite pouvait, comme nous l'avons déjà dit, monter tantôt à la surface des vagues, et tantôt opérer le mouvement contraire.

« Une coquille épaisse et pesante n'aurait pu convenir à des êtres qui voguaient de temps en temps sur les eaux ; mais, comme une coquille mince et renfermant de l'air aurait été, à de grandes profondeurs, exposée à des degrés de pression très-divers et souvent très-intenses, on trouve dans la construction mécanique de la coquille interne, et dans celle des cloisons transversales intérieures qui formaient les chambres à air, une série de combinaisons, qui toutes avaient pour but d'opposer de la résistance à une pareille pression. D'abord la coquille est formée d'un tube roulé sur lui-même et convexe à sa partie extérieure. Secondement, elle est fortifiée par une série de côtes et de voûtes disposées en forme d'arches et de dômes, qui ajoutent encore à sa solidité. Troisièmement, les cloisons transversales qui forment les chambres à air, fournissent aussi une succession continuelle de supports, dont les ramifications s'étendent avec une foule d'avantages mécaniques au-dessous des portions de la coquille, qui, à raison de leur faiblesse, en avaient le plus besoin. »

Bélemnites.

Depuis Théophraste jusqu'à nos jours, quatre-vingt-onze auteurs ont écrit sur la nature des Bélemnites, famille nombreuse, exclusivement propre aux terrains secondaires. L'opinion la plus probable est celle qui regarde ces fossiles comme des coquilles intérieures appartenant à des Mollusques céphalopodes, très-rapprochés des Calmars actuels.

Une Bélemnite se composait de trois parties, que l'on trouve rarement unies ensemble dans un état de parfaite conservation :

1° D'une coquille fibro-calcaire, conique, terminée à sa base par une cavité également conique.

2° D'un étui corné mince, commençant à la base du cône creux de l'étui fibro-calcaire, et s'élargissant d'autant plus, qu'il s'éloignait davantage de son point d'origine.

Cette portion cornée formait une espèce de chambre antérieure, destinée à contenir la bourse du noir et quelques autres viscères.

3° D'une coquille peu épaisse, conique (alvéole), divisée à l'intérieur par des cloisons transversales, logée dans le cône creux ci-dessus décrit, et ressemblant assez bien à une pile de verres de montre dont le diamètre irait en décroissant de la base au sommet. L'ensemble des cloisons transversales était percé par un siphon.

Quelquefois, mais rarement, on trouve avec les Bélemnites des sacs à l'encre, semblables à ceux que nous avons décrits chez les Calmars fossiles: plusieurs de ces sacs ont près d'un pied de longueur; preuve évidente que les animaux dont ils proviennent (*Belemno-sepiæ*), atteignaient une taille assez considérable. En outre, comme les Céphalopodes nus sont les seuls qui, jusqu'à ce jour, aient présenté de pareils réservoirs, on peut en conclure que le corps des *Belemno-sepiæ* n'était point protégé par une coquille externe.

Nummulites.

Les Nummulites [40], ainsi appelées à cause de leur ressemblance avec une pièce de monnaie, sont des coquilles fossiles qui n'offrent à l'extérieur aucune ouverture apparente, mais qui, à l'intérieur, présentent une cavité spirale divisée par des cloisons obliques en une foule de petites chambres dépourvues de siphon.

Ces coquilles, pour la plupart microscopiques, sont très-nombreuses dans les étages supérieurs des terrains secondaires, et surtout dans les formations tertiaires du nord de l'Italie. Elles y sont quelquefois si abondantes, qu'elles forment a elles seules la masse entière de certaines collines et des bancs immenses de pierre à bâtir.

Plusieurs pyramides, une foule de sphinx égyptiens sont composés de calcaire chargé de Nummulites.

A la vue de ces énormes monceaux de coquilles ainsi ajoutées aux matériaux qui constituent notre planète, il est impossible de ne pas se rappeler que chacune d'elles jouait un rôle d'une haute importance dans l'organisation d'un animal vivant. Il est impossible de ne pas reporter son imagination à ces époques reculées, où l'ancienne Mer était peuplée de ces essaims flottans, aussi nombreux que les Clios [41] qui fourmillent dans les eaux glacées du pôle nord. Et qu'on ne vienne pas nous dire que ces débris sont tout-à-fait insignifians. N'est-ce pas avec les plus petits objets que la Nature produit toujours ses plus remarquables, ses plus étonnans phénomènes? Les Nummulites nous en fournissent une preuve nouvelle; car les dépouilles de ces petits animaux ont plus contribué à augmenter la masse solide du globe, que les ossemens gigantesques des Éléphans, des Baleines et des Hippopotames.

Animaux articulés fossiles.

Cuvier divise les animaux articulés en quatre grandes classes : 1° les Annélides (lombrics, sangsues); 2° les Crustacés (crabe, écrevisse); 3° les Arachnides (araignée, scorpion); 4° les Insectes.

Annélides. — Les premiers n'ont laissé que de légères traces de leur existence ; mais on trouve dans les terrains stratifiés de tous les âges, soit des tubes calcaires, soit des cavités tubuleuses, qui ne permettent aucun doute sur l'antique origine de ces Invertébrés.

Crustacés. — L'histoire des Crustacés fossiles est encore peu connue : celle des Trilobites [42] a été jusqu'à ces derniers temps enveloppée d'une obscurité profonde ; mais, grâce aux travaux de M. Brongniart et aux nouvelles recherches du savant professeur d'Oxford, ces animaux, long-temps confondus avec les Insectes, sous le nom d'Entomolithus paradoxus, ont repris la place qui leur appartenait, et maintenant les particularités de leur organisation ne peuvent plus causer la moindre incertitude. Qui aurait osé s'attendre à trouver dans les entrailles de la terre l'organe visuel d'un animal qui vivait il y a des milliers, et peut-être des millions d'années? Aussi cette découverte est-elle une des plus étonnantes de la géologie. Elle a prouvé que l'œil des Crustacés anciens était construit d'après les mêmes principes que l'œil des Insectes et des Crustacés modernes, c'est-à-dire, formé d'une multitude innombrable de facettes ou lentilles placées à l'extrémité d'un égal nombre de tubes ou microscopes.

« Les résultats de ces faits ne sont pas uniquement bornés à la physiologie animale ; ils nous instruisent aussi de l'état de l'ancien Océan et de l'ancienne Atmosphère. Ils nous apprennent quelles étaient les relations de ces deux milieux avec la lumière, à cette époque éloignée où les premiers animaux marins étaient pourvus d'organes de vision, dans lesquels les applications les plus délicates des lois de l'optique étaient absolument semblables à celles qui, chez les Crustacés vivant au fond de nos mers, servent à transmettre les impressions du fluide lumineux.

» Quant à ce qui regarde les eaux où les Trilobites ont vécu pendant toute la période de transition, nous pouvons conclure qu'elles n'ont jamais été ce prétendu liquide épais, composé des élémens divers et confus qui, suivant quelques géologues, ont formé, en se précipitant, les matériaux de la surface du globe. En effet, la structure des yeux de ces animaux est telle, que, pour qu'ils aient pu leur servir, le liquide au fond duquel ils étaient plongés, doit avoir été assez pur et assez transparent, pour permettre à la lumière d'arriver jusqu'à ces organes de vision, dont l'état de conservation parfaite nous a si complétement révélé la nature.

»Relativement à l'atmosphère, nous sommes encore en droit de conclure que, si elle avait différé matériellement de ce qu'elle est aujourd'hui, elle aurait tellement modifié les rayons de la lumière, qu'on aurait trouvé dans les organes alors destinés à recevoir les impressions de ces rayons, des différences correspondantes par rapport aux yeux des Crustacés existans.

»Quant à la lumière elle-même, la ressemblance de ces organisations si anciennes avec les yeux des animaux vivans, nous enseigne que, à l'époque où les Crustacés doués de la faculté de voir furent placés au fond des mers du monde primitif, les relations mutuelles de la lumière avec l'œil, et de l'œil avec la lumière, étaient absolument les mêmes qu'aujourd'hui.

»Ainsi, parmi les restes organiques les plus anciens, nous trouvons un instrument d'optique d'une construction extrêmement curieuse, adapté de manière à produire une vision d'une espèce toute particulière, et cela parmi les êtres qui représentaient alors une des grandes classes des animaux articulés. Nous ne voyons pas cet instrument passer en quelque sorte par degrés à travers une série de tâtonnemens, pour arriver des formes les plus simples aux formes les plus compliquées; il fut créé tout d'abord, de manière à s'adapter aux fonctions que devait remplir la Classe de créatures à laquelle cette espèce d'œil a toujours été, et se trouve encore appropriée. Si nous découvrions un microscope ou un télescope entre les mains d'une momie d'Égypte, ou sous les ruines d'Herculanum, il serait impossible de nier que l'inventeur d'un pareil instrument connût les principes de l'optique. La même conséquence se présente à nous, mais avec une force cumulative, quand nous voyons près de 400 lentilles microscopiques, placées les unes à côté des autres dans l'œil composé du Trilobite fossile ; le poids de cet argument devient mille fois plus grand encore, quand on réfléchit à la variété presque infinie des usages pour lesquels des instrumens semblables ont été modifiés, en passant par des genres et des espèces sans fin, à partir des Trilobites depuis si long-temps perdus des terrains de transition, pour arriver aux Crustacés éteints des formations secondaires et tertiaires, puis insensiblement aux Crustacés actuels, et aux armées innombrables des Insectes vivans. »

Arachnides. — La découverte toute récente (1834) du Scorpion fossile, dans la grande formation houillière des environs de Prague, est on ne peut pas plus intéressante, en ce qu'elle offre l'unique et première preuve de la haute antiquité à laquelle remonte la création des Arachnides. Quoiqu'on n'ait pas encore trouvé d'Araignées dans des couches aussi anciennes, il est probable que ces animaux ont commencé d'exister en même temps que les Scorpions dont ils sont si voisins. D'ailleurs le comte de Munster en a observé dans le calcaire lithographique de Solenhofen, et M. Marcel de Serres, dans les gypses tertiaires des environs d'Aix, en Provence, où il a également recueilli 62 genres d'Insectes appartenant presque tous à l'ordre des Diptères (cousin), des Hémiptères (cigale) et des Coléoptères (hanneton).

Insectes. — La présence des Insectes n'est pas bornée aux terrains tertiaires ; on en rencontre dans les formations sédimentaires de tous les âges, et il devait en être nécessairement ainsi ; car, sans eux, comment les Arachnides auraient-ils pu subsister ?

Zoophytes fossiles.

Presque tous diffèrent spécifiquement et quelquefois génériquement des Zoophytes qui habitent nos mers : ils étaient construits sur le même plan que ces derniers ; ils remplissaient les mêmes fonctions dans la nature ; enfin, tous offrent cette uniformité mystérieuse qui ne peut s'expliquer, si l'on refuse d'admettre l'intervention créatrice d'une seule et même Intelligence.

Les animaux Rayonnés se rencontrent dans les terrains de tous les âges ; ils abondent surtout dans ceux de transition. Des couches de plusieurs pieds d'épaisseur, de plusieurs lieues d'étendue, se sont formées avec les débris que ces êtres inférieurs ont laissés par milliers dans les entrailles du globe.

« Nous employons le marbre [43] à la construction de nos palais, à l'ornement de nos tombeaux ; mais, peu d'entre nous savent, moins encore apprécient ce fait surprenant, que ce marbre est en grande partie composé des squelettes de millions d'êtres organisés, autrefois doués de la vie, susceptibles d'éprouver du plaisir, lesquels, après avoir joué pendant un certain temps dans la nature vivante le rôle qui leur avait été assigné, ont fait servir leurs dépouilles à la formation des montagnes de la terre. »

Les Zoophytes, examinés en détail, étaleraient à nos yeux des merveilles non moins étonnantes que celles qui nous ont frappé d'admiration dans les autres classes d'animaux. Mais nous nous hâtons d'arriver à l'histoire de cette magnifique végétation qui ornait jadis le sein des mers, les îles nombreuses dont elles étaient parsemées, ou les terres qu'elles avaient abandonnées.

Histoire générale des végétaux fossiles.

Les végétaux qui composent la Flore fossile, ont été, comme les animaux, soumis à de fréquens changemens. Mais ils étaient formés d'après des principes identiques à ceux qui président au développement des plantes actuelles, ou du moins ils offraient avec ces dernières de si nombreux points de ressemblance, qu'ils ajoutent un argument de plus à ceux que fournit l'intérieur de la terre, pour prouver l'intelligence et le pouvoir qui ont présidé à l'entière construction du monde matériel.

On pouvait penser *à priori* que la vie végétale avait dû paraître sur la scène de l'Ancien Monde en même temps que la vie animale ou peut-être même avant elle. L'observation directe a confirmé les résultats de l'induction.

« Dans son admirable Histoire des Végétaux fossiles, M. Adolphe Brongniart a démontré que la végétation sous-marine actuelle semble admettre trois grandes divisions, que caractérisent jusqu'à un certain point les plantes des Zones froide, tempérée et torride. Il a prouvé qu'une distribution analogue des Algues fossiles submergées, paraît avoir placé dans les formations les plus inférieures et les plus anciennes des genres très-voisins de ceux qui croissent maintenant dans les régions les plus chaudes, tandis que les formes des végétaux marins qui se sont succédé pendant les périodes secondaire et tertiaire, semblent se rapprocher d'autant plus de celles des plantes de nos climats, qu'elles sont ensevelies dans des couches de formation plus récente.

» Si nous jetons un coup-d'œil général sur les végétaux terrestres distribués dans les trois grandes périodes de l'histoire géologique, nous les voyons également divisés en groupes indiquant, chacun d'une manière relative, les diminutions successives qui ont eu lieu dans la température à la surface de la terre, diminutions absolument semblables à celles que nous ontdémontrées les débris des végétaux marins. Ainsi, dans les Terrains de transition, on trouve seulement quelques familles vivantes de plantes Endogènes, principalement des Fougères [44] et des Équisétacées [45], associées avec des familles éteintes d'Endogènes et d'Exogènes [46], que certains botanistes ont considérées comme indiquant un climat plus chaud que celui qui règne maintenant sous les Tropiques.

» Dans les Formations secondaires, les espèces de ces anciennes familles deviennent beaucoup moins nombreuses; plusieurs genres et même plusieurs familles cessent entièrement. On voit au contraire se développer avec vigueur deux familles qui comprennent plusieurs des formes végétales existantes, mais qui sont rares dans les terrains houilliers: ce sont les Cycadées [47] et les Conifères [48]. L'ensemble des caractères présentés par les groupes de cette série, indique un climat dont la température était presque semblable à celle de nos contrées inter-tropicales.

« Dans les dépôts tertiaires, le plus grand nombre des familles de la première série et plusieurs de la seconde ont entièrement disparu ; la végétation plus compliquée des Dicotylédons[49] remplace les formes plus simples qui prédominaient pendant les deux périodes précédentes. Des Équisétacées plus petites succèdent aux Calamites[50] gigantesques ; les Fougères sont réduites, pour la taille et pour le nombre, aux modestes proportions qu'elles atteignent sur la limite méridionale de nos pays tempérés. La présence des Palmiers prouve qu'à cette époque le froid n'était pas très-intense ; enfin, le caractère général de la végétation signale un climat très-approchant des climats méditerranéens. »

Dans la première de ces trois Périodes, il y a prédominance des Cryptogames[51] vasculaires, et rareté comparative des Dicotylédons. Dans la deuxième, égalité numérique presque parfaite entre les Cryptogames vasculaires et les Dicotylédons. Dans la troisième, prédominance des Dicotylédons, et rareté des Cryptogames vasculaires.

Les débris des Monocotylédons se rencontrent, mais en petite quantité, dans toutes les formations géologiques.

Deux familles ont traversé les terrains de toutes les époques : celle des Palmiers (Monocotylédons), et celle des Conifères (Dicotylédons). Cette dernière a vu ses genres et ses espèces se multiplier de plus en plus à chaque changement survenu dans la température et dans l'état de la surface terrestre. Elle forme aujourd'hui la trois centième partie des cinquante mille végétaux vivans actuellement connus.

Le nombre des Plantes fossiles jusqu'à présent nommées et décrites, est d'environ cinq cents. Trois cents appartiennent aux terrains de transition ; une centaine à peu près aux terrains secondaires; un peu plus aux formations tertiaires. Chaque jour amène de nouvelles découvertes : il y a donc lieu de penser qu'une foule de plantes encore ensevelies dans les entrailles du globe, seront bientôt rendues à la lumière, et livrées aux méditations du botaniste géologue.

Végétaux des terrains houilliers.

C'est surtout dans les terrains houilliers (partie des terrains de transition), que la Flore du monde primitif déploie toute sa richesse, toute sa magnificence. Là, se présentent aux regards étonnés ces Prêles [52], ces Lycopodes [53], ces fougères en arbre dont les espèces analogues actuellement vivantes atteignent, même sous la zone torride, 25 à 30 pieds tout au plus, et qui, dans les premiers âges du monde, s'élevaient, loin des tropiques, à 40, 50 ou 70 pieds. Ces plantes gigantesques transformées en charbon dans les entrailles de la terre, et le minérai de fer (fer carbonaté) qui les accompagne le plus ordinairement, sont devenus pour l'homme une source de bien-être, d'industrie et de richesse.

« En fournissant à nos besoins journaliers, la houille et le fer, par leurs usages importans, donnent à chacun de nous, presque à chaque instant de notre vie et en quelque sorte à l'insu de tous, un intérêt personnel dans les événemens géologiques de ces temps reculés. Nous sommes tous mis immédiatement en rapport avec la végétation qui décorait la surface de la terre, dans ces temps où l'une des moitiés de sa surface actuelle n'était point encore formée. Les arbres des forêts primitives n'ont pas, comme les arbres modernes, entièrement péri en rendant leurs élémens à l'atmosphère et au sol qui les avaient nourris; mais, entassés dans des magasins souterrains, ils ont été transformés en couches de houille capables de résister à l'action du temps, et sont devenus pour l'homme, dans ces derniers âges, les sources de la chaleur, de la lumière et de la santé. La substance qui brûle maintenant dans mon foyer, le gaz au moyen duquel ma lampe m'éclaire, proviennent l'un et l'autre du charbon qui a été enseveli pendant des espaces de temps incalculables dans les obscures et profondes retraites de la terre. Nous préparons notre nourriture, nous alimentons nos forges et nos fourneaux, nous entretenons la puissance de nos machines à vapeur, avec les débris de ces antiques végétaux, dont les espèces avaient disparu de la surface du globe, avant que la formation des terrains de transition fût complétement terminée. Nos instrumens de coutellerie, les outils de nos mécaniques, les machines sans nombre que nous construisons au moyen des applications si variées du fer, proviennent d'un minéral, pour la plupart du temps, du même âge, ou plus ancien que la matière à l'aide de laquelle nous le réduisons à l'état métallique, et le faisons servir à des usages si nombreux dans l'économie de la vie humaine. Ainsi, des ruines de ces forêts qui se balançaient à la surface des terres primitives, du limon ferrugineux qui se déposait au fond des eaux des premiers âges, nous tirons aujourd'hui nos principales fournitures de charbon et de fer, ces deux élémens fondamentaux des arts et de l'industrie, qui, bien plus que toute autre production minérale, contribuent à augmenter les richesses, à multiplier les commodités de la vie, et à rendre meilleure la condition de notre espèce. »

Il n'est pas rare de rencontrer dans les houillières des troncs d'arbres qui ont conservé leur position verticale, et dont les racines sont entremêlées avec celles d'autres arbres voisins également dressés. Le plus ordinairement on les voit inclinés ou couchés parallèlement aux lignes de stratification. Dans ce dernier cas, ils sont presque toujours fortement comprimés, souvent même aplatis; d'autres fois, ils se trouvent dans un état de conservation si parfaite, qu'en les soumettant au microscope, on a pu étudier les détails les plus délicats de leur organisation.

Les feuilles elles-mêmes semblent parfois simplement desséchées, et alors elles sont si bien expalmées, que l'on serait tenté de croire qu'un botaniste patient les a étendues avec le plus grand soin dans ces immenses herbiers de la nature. Chose singulière! dans la Flore fossile de la formation carbonifère, près de la moitié des 80 espèces connues de plantes arborescentes a les feuilles placées exactement les unes au-dessus des autres en séries parallèles; parmi les végétaux actuels, un petit nombre de plantes grasses présentent seules cette disposition. Chose plus remarquable encore! les genres recueillis dans les houillières d'Europe, se trouvent également dans celles de l'Amérique du Nord, et il y a lieu de penser qu'on les rencontrerait aussi dans les formations carbonifères du même âge, sous des latitudes très-différentes et dans des contrées du globe très-éloignées les unes des autres, par exemple, l'Inde, la Nouvelle-Hollande, l'île Melville et la baie de Baffin.

D'après les faits que nous venons d'énumérer, il est probable que, à l'époque où se formait le terrain carbonifère, les climats étaient plus chauds et plus humides, la température plus uniforme, l'atmosphère chargée d'une plus grande quantité d'acide carbonique; conditions éminemment favorables au développement de la végétation. Enfin, l'étude comparative de la Flore houillière avec la Flore contemporaine nous amène aux résultats suivans:

1° Les végétaux des terrains houilliers appartiennent, pour la plupart, à des Cryptogames vasculaires.

2° Les Dicotylédons, qui maintenant forment près des deux tiers des végétaux vivans, entrent pour une proportion très-faible dans la Flore de ces temps reculés.

3° Certains genres, certaines familles n'ont plus de représentans sur la terre. Plusieurs même ont cessé d'exister après le dépôt de la formation houillière. Mais ils n'en sont pas moins liés aux végétaux vivans par des principes communs de structure, par des détails d'organisation qui prouvent, de manière à ne laisser aucun doute, que les uns et les autres sont des portions d'un vaste ensemble créé par une seule et même Intelligence (1).

SAGESSE ET BONTÉ DE DIEU PROUVÉES PAR LA DISPOSITION DES TERRAINS STRATIFIÉS. — DISTRIBUTION AVANTAGEUSE DES MÉTAUX. — UTILITÉ DES FAILLES.

L'état de dislocation des terrains, la succession des couches, leurs soulèvemens, leurs inclinaisons, leurs fractures sont des phénomènes qui ne présentent, au premier abord, que l'apparence du désordre et de la confusion. Mais, en apportant à l'étude de ces phénomènes une attention plus sérieuse et plus réfléchie, on ne tarde pas à découvrir des preuves de cette haute sagesse, de cette suprême Intelligence qui a présidé aux moindres détails du globe que nous habitons.

Ainsi, par exemple, si les couches qui forment les terrains carbonifères fussent restées à jamais ensevelies dans les abîmes de l'ancien Océan, la houille, ce combustible si précieux pour nous, aurait été complétement inutile. Retirés du fond des eaux par des forces analogues à celles qui occasionnent, de nos jours, les éruptions volcaniques, les tremblemens de terre, etc., ces riches magasins sont venus offrir un aliment à l'industrie de l'homme, une ressource à ses premiers besoins.

La disposition en forme de bassin, commune à toutes les formations, mais évidente surtout dans les terrains houilliers, présente un autre avantage que l'on ne saurait méconnaître. Au moyen de cette disposition, les couches venant affleurer la circonférence du bassin, sont inclinées dans tous les sens et peuvent être exploitées dans toute leur étendue.

Nous avons déjà dit que les terrains qui nous occupent renferment du fer en grande abondance ; ajoutons qu'ils reposent sur un calcaire éminemment propre à servir de fondant pour réduire le minérai à l'état métallique.

Loin de nous la pensée que tout, dans la Nature, ait été créé seulement et exclusivement en vue du bien-être de l'homme ; mais ce bien-être était évidemment prévu et compris dans les décrets éternels de l'Auteur de toutes choses.

La disposition des terrains secondaires et l'ordre de succession des couches qui les composent, nous offriront des preuves non moins convaincantes de l'infinie bonté du Créateur. Pourquoi, dans ces terrains, des couches éminemment poreuses (grès, calcaires) alternent-elles avec d'autres couches qui ne possèdent point cette propriété (marne, argile)? Le pourquoi, le voici ; écoutez et jugez. L'atmosphère, ce grand moyen de communication entre la surface de la Mer et celle de la Terre ferme, enlève à l'Océan une portion de l'eau salée qu'il contient, et la transforme en eau douce par le simple procédé de l'évaporation. Cette eau retombe sur le sol en pluie ou en rosée. Une faible partie de liquide va se jeter dans les fleuves, et par eux retourne directement à la mer. Une seconde portion est de nouveau évaporée par l'atmosphère. Une troisième sert à nourrir les animaux et les plantes. La quatrième, enfin, s'infiltre à travers les couches perméables, arrive à la surface de celles qui ne le sont point, s'y accumule, et forme ces vastes nappes d'eau souterraines, ces immenses réservoirs, d'où partent les sources, les rivières et les fleuves.

Indépendamment de l'eau, ce liquide aussi indispensable aux êtres organisés que l'air même qu'ils respirent, on trouve encore dans les terrains secondaires du chlorure de sodium ou sel commun. Si la sage prévoyance du Créateur n'eût enfermé dans les entrailles du globe une substance aussi nécessaire aux besoins journaliers de notre espèce, on conçoit combien les habitans des pays éloignés des mers auraient eu de difficultés à vaincre pour se la procurer.

En examinant la distribution des métaux dans le sein de la terre, nous verrions qu'elle n'est ni moins admirable, ni moins avantageuse. Très-abondans surtout dans les formations les plus anciennes, ils deviennent plus rares dans les terrains secondaires, plus rares encore dans les formations tertiaires ; mais on peut dire, en thèse générale, que les plus utiles sont les plus répandus et les plus faciles à extraire.

Qui ne conçoit l'utilité des Failles, de ces grandes fissures qui se sont remplies de minéraux précieux, de roches brisées, ou simplement d'argile, formant ainsi des espèces de murs naturels, qui coupent dans toutes les directions les étages successifs des terrains stratifiés? Sans les failles, une foule de mines riches et profondes n'auraient jamais pu être exploitées par l'homme ; sans elles, les mineurs seraient exposés à des inondations fréquentes. Ce sont les failles qui servent à régulariser le cours des eaux souterraines, tantôt en les retenant captives, tantôt en leur permettant de s'épancher au dehors. Ce sont elles enfin qui, en interrompant la continuité des couches de houille, préservent souvent

5

les houillières d'un incendie général, d'une destruction complète.

Il est dangereux de recourir trop vite aux causes finales; mais il serait peu raisonnable et peu philosophique de se refuser à les admettre, lorsqu'elles sont suggérées par l'évidence des phénomènes. Ceux dont nous venons de nous occuper, parlent un langage trop clair et trop précis, pour que nous nous croyions obligé de l'interpréter aux lecteurs de bonne foi.

Existence de Dieu démontrée par la structure et la composition des corps inorganiques.

Voyons maintenant si les minéraux eux-mêmes nous fourniront des preuves de cette intelligence dont la terre et les êtres qui l'habitent, nous ont donné de si nombreux et si éclatans témoignages.

En étudiant les minéraux simples qui constituent la base des roches dont nous avons parlé jusqu'ici, on ne tarde pas à s'apercevoir qu'ils sont tous composés de molécules extrêmement ténues, combinées dans des proportions rigoureusement définies. Selon toute probabilité, les molécules propres à chaque espèce minérale possèdent des formes géométriques déterminées : le nombre de ces formes est fixe et limité; elles sont soumises à des lois mathématiquement exactes; enfin, ces lois sont aujourd'hui ce qu'elles étaient aux époques les plus reculées des temps géologiques. Cette dernière proposition est applicable au nombre et à la nature des élémens matériels. En face de pareils résultats, qui oserait attribuer à des causes purement fortuites cette harmonie sublime, cet ordre admirable, cette unité parfaite ?

Si mundum efficere potest concursus atomorum, cur porticum, cur templum, cur domum, cur urbem non potest ? Quæ sunt minùs operosa et multò quidem faciliora. (Cic. *de Naturâ Deorum.*)

C'est un philosophe païen qui tient ce langage. Écoutons maintenant l'abbé Haüy, ce savant modeste et pieux, dont les travaux ont si puissamment contribué aux progrès des sciences physiques.

« Tandis qu'une étude superficielle des cristaux n'y »laissait voir que des singularités de la nature, une »étude approfondie nous conduit à cette conséquence, »que le même Dieu dont la puissance et la sagesse ont »soumis la course des astres à des lois qui ne se démentent »jamais, en a aussi établi auxquelles ont obéi, avec la »même fidélité, les molécules qui se sont réunies pour »donner naissance aux corps cachés dans les retraites du »globe que nous habitons. »

CONCLUSION.

« Ainsi, l'histoire physique de la terre, où certaines personnes n'ont vu que ruines, désordre et confusion, nous présente sans cesse des exemples d'ordre, d'économie et d'intelligence. Toutes nos recherches rétrogrades dans les archives non écrites des temps passés, ont eu pour résultat d'affermir notre croyance à l'existence d'un Être suprême, créateur de toutes choses ; de nous convaincre encore plus de l'immensité de ses perfections, de sa puissance, de sa majesté, de sa sagesse, de sa bonté et de sa providence conservatrice de tout ce qui existe; enfin, de pénétrer profondément nos cœurs et nos esprits des sentimens d'adoration que l'âme de l'homme doit à son Créateur.

» Du fond de ses abîmes, la terre s'unit avec les orbes célestes qui roulent dans l'immensité de l'espace, pour proclamer la gloire et chanter les louanges de Celui qui les conserve après les avoir tirés du néant. La voix de la Religion mêle ses harmonieux accords aux témoignages de la Révélation, pour assigner l'origine de l'Univers à la volonté d'une Intelligence Éternelle, supérieure à toutes les intelligences, Seigneur tout-puissant, Cause première et suprême de tout ce qui existe, le même hier, aujourd'hui et toujours, avant que les montagnes fussent établies sur leurs bases, avant que la terre et le monde fussent créés, Dieu de toute éternité, Univers sans fin. »

FIN.

NOTES.*

Note 1, pag. 4.

1. Au commencement Dieu créa le ciel et la terre.

2. La terre était informe et nue, et les ténèbres couvraient la face de l'abîme, et l'esprit de Dieu reposait sur les eaux.

3. Et Dieu dit : Que la lumière soit ; et la lumière fut.

4. Dieu vit que la lumière était bonne, et il sépara la lumière des ténèbres.

5. Et il appela la lumière, jour, et les ténèbres, nuit ; et le soir et le matin formèrent un jour.

6. Et Dieu dit : Qu'un firmament soit entre les eaux, et qu'il sépare les eaux d'avec les eaux.

7. Et Dieu étendit (*fecit*) le firmament, et divisa les eaux supérieures des inférieures. Et il fut ainsi.

8. Et Dieu appela le firmament, ciel ; et le soir et le matin furent le deuxième jour.

9. Et Dieu dit : Que les eaux qui sont sous le ciel se rassemblent en un seul lieu, et que l'aride paraisse. Et il fut ainsi.

10. Et Dieu appela l'aride, terre, et les eaux rassemblées, mer. Et Dieu vit que cela était bon.

11. Et il dit : Que la terre produise les plantes verdoyantes avec leur semence ; les arbres avec des fruits chacun selon leur espèce, qui renferment en eux-mêmes leur semence, pour se reproduire sur la terre. Et il fut ainsi.

12. La terre produisit donc des plantes qui portaient leur

* Nous avons mis la lettre *B* au bas des notes extraites en tout ou en partie de l'ouvrage de Buckland.

graine suivant leur espèce, et des arbres fruitiers qui renfermaient leur semence en eux-mêmes suivant leur espèce. Et Dieu vit que cela était bon.

13. Il y eut un soir et un matin ; ce fut le troisième jour.

14. Dieu dit aussi : Qu'il y ait dans le ciel des corps lumineux qui divisent le jour d'avec la nuit, et qu'ils servent de signes pour marquer les temps, les jours et les années.

15. Qu'ils luisent dans le ciel et qu'ils éclairent la terre. Et il fut ainsi.

16. Et Dieu fit deux grands corps lumineux; l'un plus grand, pour présider au jour ; l'autre, moins grand, pour présider à la nuit. Il fit aussi les étoiles.

17. Et il les plaça dans le ciel pour luire sur la terre,

18. Pour présider au jour et à la nuit, et pour séparer la lumière d'avec les ténèbres. Et Dieu vit que cela était bon.

19. Il y eut un soir et un matin : ce fut le quatrième jour, etc. (*Genèse*, chap. I.)

Car en six jours le Seigneur fit le ciel et la terre, et la mer, et tout ce qui est en eux, et il se reposa au septième jour : or, le Seigneur le bénit et le sanctifia. (*Exode*, chap. XX, v. 11.) (De Genoude, *traduction de la Bible*.)

Note 2, pag. 8.

Les yeux pétrifiés de certains animaux conservés dans les couches les plus anciennes du globe (Trilobites, Ichthyosaurus) ne nous permettent pas de révoquer en doute la présence de la lumière à des époques très-reculées, et de beaucoup antérieures à la création dont nous faisons partie. L'observation des Végétaux fossiles nous conduirait aux mêmes résultats. B.

Note 3, pag. 9.

Dans le commentaire placé en tête de sa traduction de la Bible, M. de Genoude rejette le système des périodes indéterminées, et considère les jours de Moïse comme formés de 24 heures.

Note 1, pag. 10.

On donne le nom de *Roches* aux grandes masses composées de substances minérales simples. On entend par *Couche* ou *Strate*, une masse très-étendue en longueur et en largeur, mais limitée dans le sens de son épaisseur par deux grandes faces sensiblement parallèles. Les *Terrains* sont des groupes de roches naturellement associées entre elles. Le mot *Formation* est souvent pris dans un sens analogue à celui du mot terrain.

Pour faciliter l'intelligence de ce qui va suivre, nous croyons qu'il ne sera pas inutile de placer ici le tableau synoptique des divers terrains dont nous aurons bientôt l'occasion de parler.

Tableau *synoptique des terrains mentionnés dans l'Abrégé :*

Terrains tertiaires (4 périodes)....	Newer Pliocene. Older Pliocene. Miocene. Eocene.
Terrains secondaires ou Ammonéens.	Craie. Calcaire oolitique ou jurassique. Lias ou calcaire à Gryphites. Grès bigarré.
Terrains de transition.............	Grande formation houillière. Calcaire carbonifère. Grauwacke.
Terrains primordiaux stratifiés.....	Micaschiste. Gneiss.
Terrains primordiaux massifs........	Granite.

N. B. Dans ce tableau, les terrains sont classés d'après leur ancienneté relative. Les plus anciens occupent le bas de l'échelle.

Note 5, pag. 11.

Les Zoophytes (Animaux-plantes), ainsi nommés à cause de la ressemblance imparfaite de quelques-uns d'entre eux avec certaines plantes, sont de tous les animaux ceux dont l'organisation est le moins compliquée. On les appelle aussi *Rayonnés*, parce que leur forme générale présente toujours, soit dans le corps lui-même, soit dans ses appendices, une disposition étoilée ou rayonnante. (*Ex.* : Éponge, Corail, Étoile de mer.)

Note 6, pag. 11.

Animaux dont la peau est recouverte d'un test dur, de nature calcaire, susceptible de se renouveler à certaines époques. (*Ex.* : Écrevisse, Homard.)

Note 7, pag. 11.

Le nom de *Mollusques* a été appliqué à ces animaux, parce que leur corps, généralement d'une mollesse extrême, est enveloppé d'une membrane lâche et peu consistante, à la surface ou dans l'intérieur de laquelle se dépose la matière calcaire ou cornée qui forme la coquille de la plupart d'entre eux. (*Ex.* Huître.)

Note 8, pag. 11.

On a donné à ces Mammifères le nom de *Marsupiaux*, parce que les femelles ont entre les cuisses une poche ou bourse formée par un repli de la peau de l'abdomen. C'est au centre de cette poche, que sont placées les mamelles. Les petits de ces animaux viennent au monde à peine ébauchés, et sont alors incapables de tout mouvement volontaire. Ils périraient infailliblement, si la nature ne leur avait préparé un asile dans la bourse dont nous venons de parler. Aussi, dès qu'ils sortent du sein de leur mère, ils collent leur bouche à ses mamelles, et y demeurent suspendus jusqu'à ce qu'ils soient devenus assez robustes pour résister aux dangers extérieurs, et pourvoir par eux-mêmes à leur subsistance. Long-temps après qu'ils ont commencé à marcher, ils vont encore se réfugier dans cette cavité, lorsqu'ils veulent se mettre à l'abri du mauvais temps, ou se garantir des poursuites de leurs ennemis. M. Owen a démontré que les Marsupiaux sont, à beaucoup d'égards, inférieurs aux autres Mammifères, et forment, pour ainsi dire, le chaînon qui unit les Ovipares aux Ovovivipares. Comme les êtres les plus simples des autres classes se rencontrent, en général, dans les dépôts les plus anciens, il était naturel de penser que les Mammifères ne feraient pas exception à cette loi remarquable.

Note 9, page 11.

L'Opossum ou Sarigue à oreilles bicolores, est un animal carnassier de la taille du Chat. Pendant la nuit, il vient rôder autour des endroits habités, afin d'y trouver plus facilement sa nourriture. Ses petits, ordinairement au nombre de 12 à 16, ne sont pas plus gros qu'une mouche, et ne pèsent pas plus d'un grain au moment de leur naissance (9,216 ne pèseraient qu'une livre !). Comme tous les autres *Marsupiaux*, ils achèvent leur premier développement dans la bourse abdominale de leur mère, et, parvenus à un âge assez avancé, ils s'y retirent encore à la moindre apparence de danger.

Note 10, page 12.

Ce nom s'applique à tous les Reptiles qui, par leur conformation générale, se rapprochent des Lézards.

Note 11, pag. 12.

Cette division des formations tertiaires est basée sur la proportion numérique des espèces fossiles marines, relativement aux espèces existantes. Les premières prédominent de beaucoup dans les terrains de l'époque Eocene ; elles sont un peu moins en excès dans ceux de la période Miocene ; lors des périodes Pliocene, la plupart se rapportent à des espèces qui vivent encore dans le sein de nos mers.

Note 12, pag. 12.

Nom donné à un ordre de Mammifères, pour la plupart remarquables par l'épaisseur et la dureté de leur peau. (*Ex*. Éléphant. Rhinocéros.)

Note 13, pag. 13.

Les Tapirs sont des animaux de l'Amérique Méridionale, qui ont le port des Cochons domestiques, et dont le groin se prolonge en une trompe charnue, mobile comme celle de l'Éléphant.

Note 14, pag. 13.

Les découvertes récentes de M. Lartet jettent un grand jour sur l'histoire des formations d'eau douce appartenant à cette période. Au nombre des débris animaux (Dinothérium, Anoplothérium, Palæothérium, etc.) trouvés par ce naturaliste aux environs de la ville d'Auch, on distingue surtout une mâchoire inférieure de Singe, dont la formule dentaire est celle de l'homme lui-même. C'est la première fois que les Quadrumanes ont été observés à l'état fossile. « Voilà donc, dit M. Lartet, un Mammifère de la famille des Singes, contemporain de ces Anoplothérium, de ces Palæothérium, genres perdus, que l'on a long-temps regardés comme les plus anciens habitans de nos continens, dans la classe des Mammifères. Les types de certains genres ne sont donc pas si nouveaux qu'on le pense généralement. Que sait-on si des observations ultérieures ne viendront pas tôt ou tard nous apprendre que cette nature ancienne, encore si peu connue, n'était ni moins complète, ni moins avancée dans l'échelle organique, que celle où nous vivons? »(*Écho du monde savant*, 21 *janvier* 1837.) Depuis l'époque où M. Lartet écrivait ces lignes, MM. Baker et Durand, et après eux MM. Falconer et Cautley ont rencontré dans les monts Sewalik (Inde) des ossemens de Quadrumanes mêlés à des débris d'Anoplothérium. (*Institut*, janv. 1838.)

Au nombre des acquisitions toutes nouvelles de la Paléontologie, on peut placer aussi le grand Rongeur (*Toxodon*), que M. Darwin vient de découvrir dans le Sarandis, petite rivière qui tombe dans le Rio-Negro. Selon M. Owen, cet animal, qui ne peut être comparé pour la taille qu'au Mégathérium, *représente les Rongeurs sur une échelle gigantesque, et tend à compléter la chaîne d'affinités qui lie les Pachydermes aux Rongeurs et aux Cétacés.* (*Annales des Sciences naturelles*, janv. 1838.)

Note 15, pag. 15.

Dans un ouvrage admirable (*Reliquiæ diluvianæ*), dont le titre pourrait cependant fournir matière à contestation, Buckland a prouvé, selon nous, de la manière la plus victorieuse, que ce sont les Hyènes qui ont transporté dans les cavernes les os de Ruminans qu'on trouve mêlés avec les leurs.

Quant aux cavernes qui ne renferment que des ossemens d'Ours, il pense que, durant une longue suite de générations, les Ours s'y retirèrent aux approches de la mort ou de la maladie, afin d'éviter la compagnie turbulente des animaux de leur espèce.

Nous avons embrassé cette dernière opinion dans un Mémoire imprimé dans la Bibliothèque universelle de Genève (*Mémoire sur une caverne à Ours récemment découverte à Nabrigas, Lozère.* Avril 1835), et reproduit en partie dans l'Écho du Monde savant. M. Marcel de Serres prétend, au contraire, que, dans l'immense majorité des cas, les ossemens d'Ours ou d'Hyènes ont été entraînés par les eaux dans les cavités souterraines où nous les rencontrons. Enfin, un des géologues les plus distingués du midi de la France, M. Henri Reboul, pense que les dépôts osseux des cavernes n'ont pas eu lieu à une époque unique, mais qu'ils se sont formés progressivement depuis les temps moyens de la période tertiaire jusqu'à nos jours. Selon lui, « ces dépôts osseux proviennent, ou de l'habitation des cavernes par les animaux qui y sont morts, ou du charroi des cadavres par des carnassiers qui en faisaient leur pâture, ou du transport qu'ils ont subi dans les couloirs supérieurs par les courans réitérés des eaux pluviales. » (*Géologie de la période quaternaire, ou Introduction à l'Histoire ancienne*; par Henri Reboul, correspondant de l'Institut.)

Note 16, pag. 15.

Les Lamantins ou Manates sont des Cétacés herbivores qui habitent principalement les grands fleuves de l'Amérique méridionale. Leur taille atteint 15 pieds de hauteur et au-delà. Ils ont des mamelles pectorales, et leurs lèvres sont garnies de poils analogues à des moustaches. Quand ils font sortir hors de l'eau la partie antérieure de leur corps, ils offrent quelque ressemblance avec les individus de notre espèce. C'est peut-être ce qui a donné lieu aux fables des sirènes et des tritons, regardés par les anciens comme des êtres réels.

Note 17, pag. 17.

Un grand nombre de géologues sont d'un avis opposé à celui du professeur Buckland, et soutiennent que l'homme existe à l'état fossile, c'est-à-dire qu'il a été le contemporain de certains animaux qui ont disparu de la surface du globe.

Ils citent à l'appui de leur opinion, l'égale altération des ossemens humains et des restes de quadrupèdes trouvés avec eux ; la variété des espèces, qui n'ont pu être produites que par la domestication ; enfin, la découverte d'espèces perdues portant l'empreinte d'instrumens tranchans.

Note 18, pag. 20.

Quelque merveilleuses que soient ces découvertes, celles d'Ehrenberg le sont encore davantage. « Il m'a fait voir de la manière la plus positive, dit M. Alexandre Brongniart, que les roches d'apparence homogène qui sont peu dures, friables, entièrement formées de silice, et que l'on connaît sous les noms de tripoli plus ou moins solide (*Polierschiefer* de Werner), sont entièrement composées de dépouilles ou plutôt de squelettes parfaitement reconnaissables d'animaux inférieurs de la famille des Bacillariées et des genres *Cocconema*, *Gomphonema*, *Syncdra*, *Gaillonella*, etc. Ces dépouilles ayant parfaitement les formes des carcasses siliceuses de ces Infusoires, se voient avec la plus grande netteté au microscope, et peuvent facilement être comparées à des espèces vivantes.

» Dans beaucoup de cas, il n'y a point de différences appréciables; leurs espèces sont déterminées par la forme, et le plus souvent encore par le nombre des lignes transversales de leur petit corps; et M. Ehrenberg, qui a pu les compter au microscope, a reconnu le même nombre de ces divisions dans les espèces vivantes et dans les espèces fossiles.

» C'est dans les tripolis de Dilin, en Bohême, et de Santa-Fiora, en Toscane, qu'il a fait ces curieuses observations. Le fer limoneux des marais est presque entièrement composé de *Gaillonella ferruginea*. J'ai vu toutes ces merveilles de mes propres yeux; j'ai pu les comparer avec les beaux dessins des espèces vivantes de M. Ehrenberg, et je ne puis conserver le moindre doute que ces roches siliceuses, si abondantes qu'il y en a une rosâtre qui est employée pour peindre les murs des maisons, ne soient composées de squelettes siliceux d'Infusoires ; au reste, il suffit de prendre un échantillon d'un de ces tripolis, de celui de Bilin particulièrement, d'en gratter un peu sur une lame de verre, de délayer cette poussière dans une goutte d'eau, pour voir, au moyen d'un bon microscope, des millions ou plutôt des milliards de débris d'animalcules. » (Voir l'*Hermès*, 13 juillet 1836.)

A ces faits déjà si curieux, nous pouvons ajouter que, dans certains tripolis, celui d'Iastraba, en Hongrie, par exemple, on trouve plusieurs espèces qui vivent encore dans les eaux douces. Aujourd'hui même le tripoli se forme, pendant l'été, dans certaines eaux stagnantes. Quoique 100 millions des animalcules qui composent cette substance, pèsent à peine un grain, on peut dans l'espace d'une demi-heure en recueillir près d'une livre. Enfin, le semi-opale de Bilin, le silex pyromaque ou pierre à fusil de Delitzsch, la farine de montagne (*Bergmehl*), que les Lapons mêlent à leur farine de céréales et d'écorce pour en faire du pain, sont presque entièrement formés d'Infusoires à carapaces siliceuses. M. Ehrenberg a même vu dans le silex pyromaque de Delitzsch des fragmens quelquefois très-bien conservés de plantes d'eau salée (Algues) et la plupart marines, ainsi que des débris d'animaux évidemment marins.

Note 19, pag. 20.

Ainsi qu'on a pu le voir dans le tableau précédemment donné, le Lias fait partie de l'assise inférieure des terrains secondaires. La base du mont Saint-Loup (Hérault) peut nous fournir un exemple de cette roche, que l'on désigne quelquefois sous le nom de calcaire à Gryphites, à cause des Gryphées (espèce d'huîtres) qu'on y rencontre en très-grande abondance.

NOTE 20, pag. 20.

Mollusques céphalopodes, qui ressemblent beaucoup à la Seiche commune. Ils ont une coquille interne, de nature cornée, en forme de lancette ou de plume à écrire.

NOTE 21, pag. 26.

Comme le Dinothérium était très-voisin du Tapir, nous pouvons en conclure qu'il était muni d'une trompe au moyen de laquelle il portait à sa bouche les végétaux qu'il arrachait du fond des lacs et des rivières avec ses ongles et ses défenses. Sur l'os unguéal bifide, découvert par le professeur Kaup avec d'autres débris du Dinothérium, on observe une bifurcation remarquable qui ne se trouve dans aucun quadrupède vivant, à l'exception des Pangolins. Cet os paraît donc avoir porté un ongle semblable à celui de ces animaux, ongle qui possédait des avantages tout particuliers pour gratter et creuser la terre, et nous indique des fonctions en rapport avec celles des défenses et de l'omoplate. *B.*

NOTE 22, pag. 28.

La tête de cet énorme Mammifère vient d'être transportée à Paris par les soins du professeur Kaup. M. de Blainville, qui en a examiné attentivement la structure, prétend que le Dinothérium était un gravigrade aquatique de la famille des Lamantins, un Dugong avec les incisives en défenses. Par conséquent, il n'avait qu'une paire de membres antérieurs à cinq doigts. Quant à la supposition que cet animal était pourvu d'une trompe, c'est, suivant M. de Blainville, un fait au moins douteux. Il est plus probable que sa lèvre supérieure était extrêmement développée, qu'elle embrassait l'inférieure, et cachait ainsi la base même des défenses : disposition qui s'observe chez les Dugongs actuels. M. de Blainville ne croit pas non plus que la phalange rapportée par M. Kaup au Dinothérium, ait réellement appartenu à cette étrange créature de l'ancien monde. « En effet, dit ce célèbre zoologiste, M. Lartet a trouvé avec ces mêmes phalanges une portion de dent qui indique évidemment un grand Pangolin. » (Voir l'*Institut*, 22 mars 1837.) M. Strauss partage l'opinion de M. de Blainville. Aujourd'hui le professeur Kaup considère le Dinothérium comme formant un genre voisin de l'Hippopotame. (Voir l'*Institut*, 5 avril, 1837.)

Note 23, pag. 28.

Animal de l'Amérique du Sud, ainsi nommé à cause de la lenteur de ses mouvemens. Ses bras sont beaucoup plus longs que ses membres postérieurs : aussi marche-t-il avec une très-grande difficulté, et seulement en se traînant sur ses coudes. On assure qu'il ne peut faire qu'une cinquantaine de pas dans un jour ; mais il grimpe avec assez de facilité. On a prétendu aussi qu'il se laisse tomber, quand il veut passer d'un arbre à un autre : il paraît que cette assertion est dénuée de fondement.

Note 24, pag. 28.

Le Fourmilier est un Mammifère à longs poils, à museau effilé, terminé par une petite bouche, d'où sort une langue vermiforme et très-longue. Cet organe est toujours enduit d'un suc visqueux, et c'est en l'introduisant dans les trous des Fourmis, que l'animal parvient à se procurer un de ses mets favoris. Le Fourmilier est entièrement dépourvu de dents. Le Tatou n'a que des dents molaires. Tout son corps est recouvert d'écussons durs et cornés, formant, par leur réunion, une espèce de bouclier dans lequel il est, pour ainsi dire, enfermé.

Ces écussons, rangés sur le milieu du dos par bandes transversales et mobiles, permettent à l'animal de se rouler en boule quand il est attaqué.

Le Chlamyphore est une espèce de Tatou. Il habite, ainsi que les deux Édentés dont nous venons de parler, les contrées les plus chaudes de l'Amérique méridionale.

Note 25, pag. 29.

M. Hitchcock a découvert sur les grès bigarrés du Connecticut et du Massachusset (États-Unis d'Amérique), des empreintes si parfaitement semblables à celles des Sauriens vivans, que le savant Professeur les a rapportées sans hésitation à des animaux de cet ordre. Il a donné à ces empreintes le nom de Sauroïdichnites.

Ce même naturaliste a observé sur la Grauwacke schisteuse des environs de New-York, des impressions qui lui paraissent provenir d'un quadrupède à deux doigts, marchant par bonds, comme les Marsupiaux. (Voir l'*Institut*; mars 1838.)

Note 26, pag. 30.

Outre quelques ossemens d'oiseaux appartenant à des espèces plus petites que celles qui vivent aujourd'hui dans nos climats, M. Lartet a découvert à Sansan (Gers) un œuf pétrifié, dont le plus grand diamètre n'a pas même 2 lignes de longueur.

Note 27, pag. 32.

Les Marsouins sont des cétacés d'une agilité et d'une voracité extrêmes. Ils ne craignent pas d'attaquer la Baleine, et souvent ils triomphent de ce redoutable adversaire.

Note 28, pag. 32.

Quadrupède singulier, qui réunit tout à la fois certains caractères propres aux Ovipares, avec ceux qui l'ont fait classer parmi les Mammifères. En effet, son corps est couvert de poils; ses pieds sont palmés comme ceux des oiseaux nageurs ; son museau se termine par un bec large, aplati, et garni sur ses bords de lamelles cornées, comme celui du Canard. La femelle est ovovivipare, et cependant elle allaite ses petits. Le mâle est armé d'ergots semblables à ceux du coq. On conçoit, d'après cette courte description, combien le nom d'Ornithorhynque (bec d'oiseau) paradoxal a été justement appliqué par les Naturalistes à ce bizarre habitant de la Nouvelle-Hollande.

NOTE 29, pag. 53.

D'après les belles observations de Dugès sur l'œil et la vision (*Physiologie comparée*, tom. I), il paraîtrait que la faculté d'accommoder l'organe visuel à la distance des objets, est due à la contractilité de la lentille cristalline, et non à une augmentation ou à une diminution de convexité à la partie antérieure de l'œil. Pour l'inspection des objets très-voisins, le cristallin devient plus convexe, plus dense et plus épais d'avant en arrière ; il se rétablit à l'état normal par sa seule élasticité et celle de sa capsule, s'il s'agit d'objets éloignés.

NOTE 30, pag. 54.

Les os sterno-costaux formaient probablement un appareil condensateur, qui donnait à ces animaux la faculté de comprimer l'air dans leur poitrine avant de descendre sous l'eau. Dans le Lond. and. Edin. Phil. Mag., oct. 1835, M. Faraday a indiqué un procédé au moyen duquel on peut rester sans respirer, soit dans l'eau, soit au milieu d'une atmosphère impure, pendant un espace de temps assez considérable.

Si une personne fait de profondes inspirations, et que, ses poumons une fois remplis d'air, elle retienne sa respiration aussi long-temps qu'elle en sera capable, l'intervalle pendant lequel cette personne pourra se passer de respirer, sera double ou plus que double de ce qu'il serait, si elle retenait sa respiration sans avoir auparavant profondément inspiré.

Il résulte des expériences de M. Gravatt, que si, par une suite d'inspirations fortes et rapides, on remplit ses poumons de la plus grande quantité d'air possible, et qu'on les comprime avant de plonger, on peut alors demeurer trois minutes sous l'eau. De plus, cette compression augmente la pesanteur spécifique du corps, et facilite conséquemment la descente.

Il est probable que tous ces avantages se trouvaient réunis dans le mode de respiration des Ichthyosaurus et des Plésiosaurus.

B.

Note 31, pag. 34.

Mammifères marins dont la forme extérieure se rapproche beaucoup de celle des Poissons. (*Ex.* : Baleine, Lamantin, Dugong.)

Note 32, pag. 38.

Les Vampires sont des Chauves-Souris insectivores qui habitent l'Amérique méridionale. Ils ont l'habitude de sucer le sang des hommes et des animaux, lorsqu'ils les trouvent endormis; mais, quoi qu'on en ait dit, leurs blessures ne sont jamais mortelles.

Note 33, pag. 38.

. . . . Le prince des enfers
Tente mille moyens, mille chemins divers.
De ses mains, de ses pieds, de sa superbe tête,
Il combat, il franchit l'ouragan, la tempête,
Les défilés étroits, les gorges, les vallons,
L'air pesant ou léger, et la plaine et les monts.
Les rocs, le noir limon qu'un flot dormant détrempe,
Va guéant ou nageant, court, gravit, vole ou rampe.

Paradis Perdu, Liv. II, traduction de Delille.

Note 34, pag. 39.

Sauriens de l'Amérique méridionale, dont la taille atteint de 2 à 3 pieds de longueur. Ils vivent principalement sur les arbres, et se nourrissent de graines, de feuilles et de fruits.

Note 55, pag. 41.

Les Gavials sont des Crocodiles à museau grêle et très-allongé. L'espèce la plus commune (Gavial du Gange) atteint jusqu'à 30 pieds de longueur; elle se nourrit uniquement de poissons et n'attaque jamais l'homme ou les grands animaux.

Note 56, pag. 41.

Crocodiles à museau large et obtus, qui habitent l'Amérique et surtout la Guyane.

Note 57, pag. 46.

Les Poulpes sont des Mollusques Céphalopodes formant un genre très-rapproché de celui des Calmars.

Note 58, pag. 46.

On nomme *Céphalopodes* des Mollusques qui ont autour de leur tête des espèces de bras ou tentacules charnus et garnis de ventouses, au moyen desquels ils peuvent se fixer où ils veulent, et saisir la proie qui doit leur servir de nourriture. On appelle *nus*, ceux qui n'ont pas de coquille externe.

Note 59, pag. 46.

Le Nautile (Nautilus Pompilius) est un Mollusque qui vit principalement dans l'Océan Indien. Nous regrettons de ne pouvoir reproduire ici le beau travail dans lequel M. Owen explique avec une rare sagacité l'usage de chacune des parties qui composent la coquille de l'animal, et surtout les précieux détails qu'il donne sur l'anatomie de ce Céphalopode. Nous ne passerons pourtant point sous silence le singulier mécanisme au moyen duquel le Nautile peut, à son gré, s'élever à la surface ou plonger au fond des mers.

Le siphon dont la coquille est pourvue, communique par son extrémité supérieure avec le péricarde, espèce de sac qui entoure le cœur de l'animal. Cette cavité contient un fluide sécrété par des glandes particulières et assez abondant pour remplir le siphon tout entier. Quand les bras et le corps du Nautile sont étendus au dehors, le fluide reste dans le péricarde ; le siphon est vide, affaissé, environné par les portions d'air qui sont constamment renfermées dans l'intérieur de chacune des chambres. Dans cet état la pesanteur spécifique du corps et celle de la coquille prises ensemble sont telles, que l'animal s'élève et flotte à la surface.

Lorsque, dans un moment d'alarme, les bras et le corps sont contractés et retirés au fond de la coquille, le péricarde se trouve comprimé, et le fluide qu'il contient pénètre dans le siphon. La pesanteur spécifique de la coquille augmente, et l'animal s'enfonce.

Note 40, pag. 50.

D'après le Docteur Milne Edwards, des observations récentes tendraient à prouver que l'animal des Nummulites est bien plus voisin des Polypes que des Céphalopodes.

Note 41, pag. 51.

Les Clios (Mollusques), les Méduses et les Béroés (Zoophytes) forment la principale nourriture des Baleines.

Dans certaines parties du Groenland, les Méduses sont tellement abondantes, qu'il n'y en a pas moins de 110,592 dans un pied cube. Dans un mille cube, le nombre de ces animaux est si considérable, qu'en admettant qu'une personne pût en compter un million par semaine, 80,000 personnes employées depuis le commencement du monde n'en auraient pas encore complété l'énumération. *B.*

Note 42, pag. 51.

M. Michelotti vient d'annoncer à l'Académie des Sciences, qu'il a trouvé deux exemplaires de Trilobites dans le terrain tertiaire supérieur des environs de Turin. Le docteur Milne Edwards a fait observer avec beaucoup de raison, qu'il faut attendre des renseignemens plus précis, avant d'admettre cette découverte, jusqu'à présent du moins très-extraordinaire.

Note 43, pag. 55.

Il est ici question du marbre à Entroques. Ce marbre est presque entièrement formé de débris d'Encrinites, espèces de Zoophytes fossiles assez semblables à des lis portés sur une tige arrondie. Les Pentacrinites ont une structure analogue à celle des Encrinites; mais, comme leur nom l'indique, leur tige est pentagone.

Note 44, pag. 57.

Les Fougères sont des plantes herbacées dans nos climats; mais sous les tropiques elles atteignent une taille beaucoup plus élevée. Leurs feuilles, qu'on nomme *frondes*, sont découpées à la manière des plumes, et roulées en crosse avant leur entier développement.

Note 45, pag. 57.

Famille de végétaux qui ne renferme qu'un seul genre, celui des Prêles. (*Voyez* la note 52.)

Note 46, pag. 57.

Les plantes *Endogènes* sont celles dont l'accroissement en diamètre a lieu de la circonférence au centre, par l'addition de nouveaux faisceaux de fibres, qui viennent se placer à l'intérieur de ceux déjà formés. (Ex. : Palmiers, Roseaux.) Les plantes Exogènes sont celles dont l'accroissement en diamètre s'opère, du moins pour le corps ligneux, du centre à la circonférence. Tels sont le Chêne, le Hêtre, et en général tous les arbres de nos forêts.

Note 47, pag. 57.

Les Cycadées, dont le port ressemble assez à celui des Palmiers, occupent un rang intermédiaire entre cette famille de végétaux, celle des Fougères et celle des Conifères. Leur tronc n'a pas de véritable écorce : il est simplement entouré d'une enveloppe épaisse, formée par la base persistante des feuilles qui sont tombées. L'intérieur se compose d'un ou de plusieurs cercles rayonnés de fibres ligneuses, enveloppées dans du tissu cellulaire. Cette famille ne renferme que deux genres : les Zamia et les Cycas. Le tronc des premiers est généralement peu élevé ; celui des Cycas atteint jusqu'à 30 pieds.

Note 48, pag. 57.

Végétaux ainsi nommés à cause de leur fruit, assez ordinairement semblable à un cône. (Ex. : Sapin, Cèdre.)

Note 49, pag. 58.

On appelle Monocotylédons tous les végétaux dont la graine est à un seul cotylédon, ou mieux à plusieurs cotylédons alternes ; tous sont endogènes. Les végétaux dont la graine est à deux ou plus généralement à plusieurs cotylédons verticillés, ont reçu le nom de Dicotylédons. Tous sont exogènes.

Quant au mot cotylédon lui-même, il sert à désigner les appendices minces ou charnus qui enveloppent l'embryon.

Note 50, pag. 58.

Les Calamites sont caractérisées par de grosses tiges simplement cylindriques, articulées par intervalles, mais dépourvues de gaines, ou les présentant sous des formes inconnues parmi les Prêles vivantes. Quelquefois elles offrent autour de leurs articulations des traces de rameaux verticillés : les feuilles sont également sans articulations. Mais le trait le plus saillant qui les sépare des Prêles, c'est leur grosseur et leur taille.

Parfois leur diamètre est de plus de 6 à 7 pouces, tandis que celui des Prêles vivantes excède rarement un pouce et demi. Dernièrement on a déposé au Muséum de Leeds une Calamite de 14 pouces de diamètre. *B.*

NOTE 51, pag. 58.

Ce nom s'applique aux plantes dont les organes reproducteurs sont ordinairement cachés et difficiles à reconnaître sans le secours du microscope. Parmi ces végétaux, il en est qui sont entièrement composés de cellules ; d'autres ont des cellules et des vaisseaux. De là l'ancienne division des Cryptogames en cellulaires (Champignons, Mousses) et en vasculaires (Fougères, Lycopodes), adoptée par Buckland.

NOTE 52, pag. 59.

Les Prêles, vulgairement queues de cheval (*equisetum*), sont des végétaux qui se plaisent dans les lieux humides et marécageux. On les reconnaît à leurs tiges cannelées, fistuleuses, articulées par intervalle, garnies de rameaux verticillés et munis à leur point de jonction d'une gaîne dentée.

NOTE 53, pag. 59.

Les Lycopodes ont les plus grands rapports avec les mousses.

NOTE 54, pag. 62.

C'est dans les terrains de transition seulement que l'on trouve d'abondantes mines de charbon minéral. Ce combustible se rencontre rarement dans les terrains secondaires : les formations tertiaires n'en contiennent jamais.

FIN DES NOTES.

www.ingramcontent.com/pod-product-compliance
Ingram Content Group UK Ltd.
Pitfield, Milton Keynes, MK11 3LW, UK
UKHW021110260726
13994UKWH00002B/820

9 782329 364513